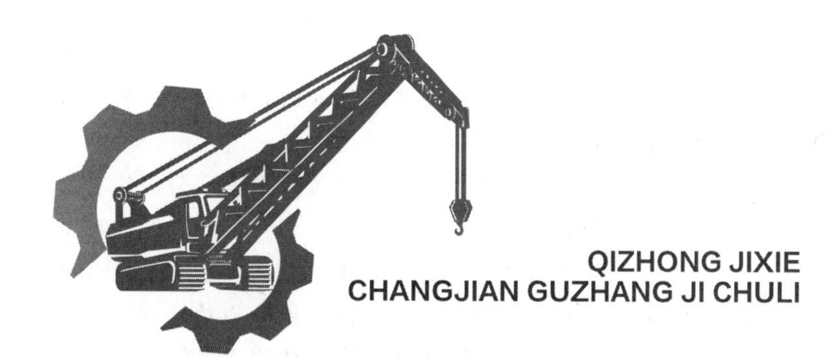

QIZHONG JIXIE
CHANGJIAN GUZHANG JI CHULI

起重机械常见故障及处理

聂福全
闵志宇
杨文莉 著

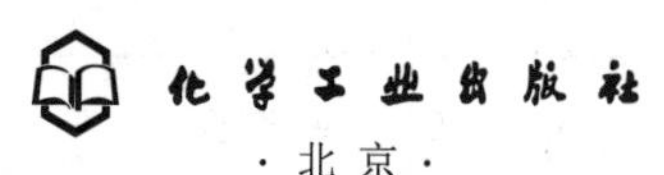

·北京·

内容简介

起重机械是重要的施工设备，作业过程中会产生各种故障。起重机械的结构较为复杂，维修工作具有一定难度。

本书根据起重机械的结构及实际维修情况，分成机械结构和电气结构两大部分进行分类讲解，内容通俗易懂，具有较强的系统性和实用性。主要内容包括：桥门式起重机概念及分类、基本结构及工作原理、主要用途及技术参数、机械结构常见故障及处理、电气结构常见故障及处理。

本书适合从事起重机械操作与维修相关工作的技术人员使用，也可供高职院校相关专业师生学习参考。

图书在版编目（CIP）数据

起重机械常见故障及处理 / 聂福全，闵志宇，杨文莉著. -- 北京 ：化学工业出版社，2024. 8. -- ISBN 978-7-122-46103-2

Ⅰ. TH210.7

中国国家版本馆 CIP 数据核字第 2024JP6078 号

责任编辑：贾　娜　　　　文字编辑：吴开亮
责任校对：赵懿桐　　　　装帧设计：王晓宇

出版发行：化学工业出版社
（北京市东城区青年湖南街 13 号　邮政编码 100011）
印　　装：大厂回族自治县聚鑫印刷有限责任公司
710mm×1000mm　1/16　印张 7½　字数 129 千字
2024 年 8 月北京第 1 版第 1 次印刷

购书咨询：010-64518888　　　　售后服务：010-64518899
网　　址：http://www.cip.com.cn
凡购买本书，如有缺损质量问题，本社销售中心负责调换。

定　　价：49.00 元

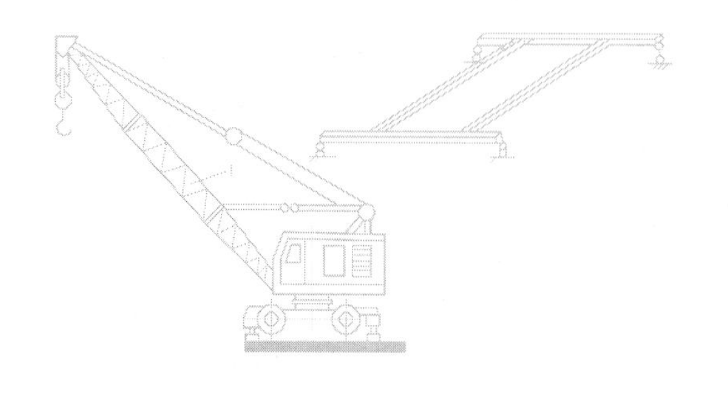

前言
Preface

工业桥门式起重机是起重机械中的一种重要类型，主要由主梁、端梁、走台、大车移行机构、小车移行机构、提升机构、操纵室等组成。该类起重机可以充分利用桥架下面的空间吊运物料，不受地面设备的阻碍，是使用范围最广、数量最多的一种起重机械，广泛应用于工厂、货场、港口等的物料搬运作业。随着《中华人民共和国国民经济和社会发展第十四个五年规划和2035年远景目标纲要》的实施，高端装备制造、能源电力、交通、新能源汽车等行业得到了大力支持，作为典型的中间传导性行业，桥门式起重机的需求将持续旺盛。在制造业产业升级的背景下，工业生产规模不断扩大，生产效率不断提高，产品生产费用中物料搬运的占比逐渐增加，各应用领域对大型、自动化起重机的需求不断增加，对起重机的能耗和可靠性也提出了更高的要求。特别是在当前智能工厂、智能车间等先进制造模式下，具有智能化、网络化、数字化、专业化特点的起重机产品成为当前桥门式起重机研发、设计、制造和应用的重要趋势，国家也相应出台了一系列政策来支持绿色智能制造的发展，为桥门式起重机市场提供了更多的发展机遇和政策保障。

本书结合笔者多年从事工业桥门式起重机相关工作的经验，根据起重机械的结构及实际维修情况，分成机械结构和电气结构两大部分进行分类讲解，主要内容包括：桥门式起重机概念及分类、基本结构及工作原理、主要用途及技术参数、机械结构常见故障及处理、电气结构故障及处理。本书内容通俗易懂，具有较强的系统性和实用性，适合从事起重机械操作与维修相关工作的技术人员使用，也可供高职院校相关专业师生学习参考。

本书由河南科技学院聂福全、闵志宇、杨文莉所著，参与本书著述的还有郭长宇、李广超、张卫东、张瑞侠、姜震、韩钊蓬、潘国英、刘成杰等同志，编写过程中还得到卫华集团有限公司、河南矿山起重机有限公司等的大力协助，在此一并致谢。

由于笔者水平所限，书中不足之处在所难免，敬请广大读者批评指正。

聂福全

2024 年 6 月

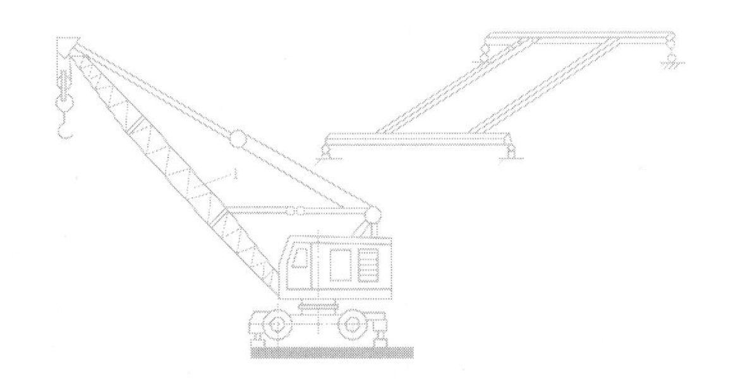

目录
Contents

第1章

桥门式起重机概念及分类

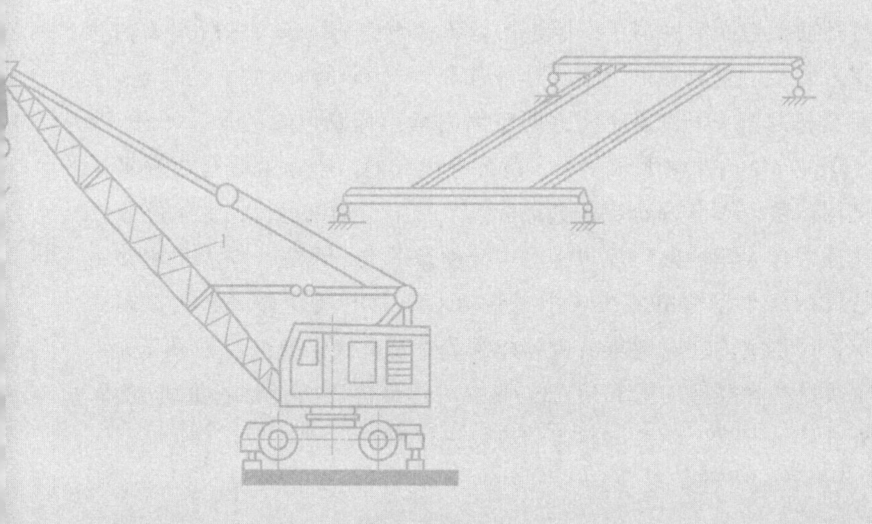

- 概念
- 分类

起重机械是用来从事起重和搬运物品作业的重要机器。起重机械由于具有提升物品和在空间移动物品的特殊功能，因而已成为现代化工业生产、交通运输和基本建设等方面不可或缺的设备。在现代化大生产的背景下，随着工艺流程机械化和自动化程度的不断提高，起重机械在生产过程中，从辅助设备逐渐成为连续生产流程中的一种专用设备，已成为现代化生产的重要标志之一。随着生产技术的不断发展，起重机的种类越来越多，其中，桥式起重机（俗称天车或行车）和门式起重机（又称龙门起重机或龙门吊）应用最为广泛。

1.1 概念

桥门式起重机包括桥式起重机和门式起重机等。

桥式起重机是横架在固定跨间上空用来吊运各种物件的设备，一般安装在厂房内，也可露天安装，它既不占用地面作业面积，又不妨碍地面上的作业，可在一定起升高度和大、小车轨道所允许的空间内承担任意位置的吊运工作，如图 1-1 所示。桥式起重机是由大车和小车两部分组成的。小车上装有起升机构和小车运行机构，整个小车沿着装在主梁盖板上的小车轨道运行。大车部分由起重机桥架（通常称大车桥架）及司机室（又称操纵室）组成。在大车桥架上装有大车运行机构和小车输电滑线或小车传动电缆及电气设备（电气控制屏、电阻器）等。司机室内装有起重机控制操纵装置及电气保护柜、照明开关柜等。桥式起重机是机械制造工业和冶金工业中用得最广泛的一种起重机械，广泛用在室内外仓库、厂房、码头和露天储料场等场所。

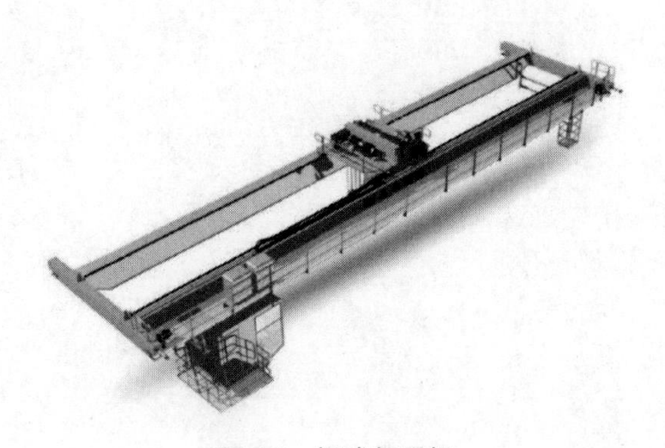

图 1-1　桥式起重机

门式起重机是桥式起重机的一种变形，即桥架通过两侧支腿支承在地面轨道上的桥架类型起重机，其结构与桥式起重机基本相同，不同之处在于门式起重机有支腿，如图 1-2 所示。门式起重机由门架、大小车运行机构、电气设备、大车导电装置等部分组成。门式起重机主要用于室外的货场、料场货、散货的装卸作业。门式起重机具有场地利用率高、作业范围大、适应面广、通用性强等特点，在港口货场得到广泛应用。

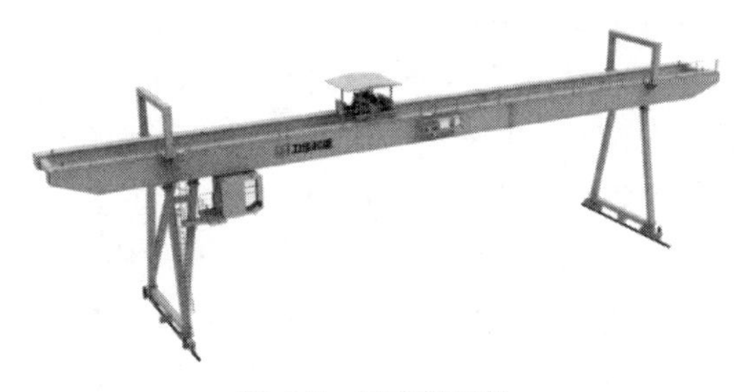

图 1-2　门式起重机

1.2 分类

1.2.1　桥式起重机分类

桥式起重机的多种分类方法如下。

① 桥式起重机按构造可分为单主梁桥式起重机、双主梁桥式起重机、多主梁桥式起重机、双小车桥式起重机、多小车桥式起重机等。

② 桥式起重机按取物装置可分为吊钩桥式起重机、抓斗桥式起重机、电磁桥式起重机、集装箱桥式起重机等。

③ 桥式起重机按用途可分为通用桥式起重机、冶金专用桥式起重机、防爆桥式起重机等。本书主要按用途分类对桥式起重机进行介绍。

（1）通用桥式起重机

通用桥式起重机是指在一般环境中工作的普通用途的桥式起重机，主要包括吊钩桥式起重机、抓斗桥式起重机、电磁桥式起重机、两用桥式起重机、三用桥式起重机和双小车吊钩桥式起重机等。

① 吊钩桥式起重机。吊钩桥式起重机由金属结构、大车运行机构、小车运行机构、起升机构、电气及控制系统及司机室组成，取物装置为吊钩。额定起重量在10t以下的多为1个起升机构；额定起重量在16t以上的则多为主、副两个起升机构。吊钩分为主钩和副钩，副钩的起重量为主钩的1/5～1/3，但副钩的速度比主钩的速度快。这类起重机能在多种作业环境中装卸和搬运物料及设备。其适用于机械加工以及装配车间、金属结构车间、机械维修车间、各类仓库及冶金和铸造车间的吊运工作。

② 双小车吊钩桥式起重机。双小车吊钩桥式起重机的结构与吊钩桥式起重机基本相同，只是在桥架上装有两台起重量相同的小车。这种起重机用于吊运与装卸长形物件，如管材、棒材。

③ 抓斗桥式起重机。抓斗桥式起重机的结构与吊钩桥式起重机基本相同，只是起升机构和吊具有所不同。抓斗桥式起重机的吊具为抓斗，以四根钢丝绳分别悬挂在开闭机构和起升机构上。其主要用于散货、废旧钢铁、木材等的装卸、吊运作业。

④ 电磁桥式起重机。电磁桥式起重机的结构与吊钩桥式起重机基本相同，不同的是吊钩上挂着一个直流起重电磁铁（又称为电磁吸盘），用来吊运具有导磁性的黑色金属及其制品。电磁桥式起重机通常是通过设在桥架走台上的电动发电机组或装在司机室内的可控硅直流电源箱将交流电源变为直流电源，然后通过设在小车架上的专用电缆卷筒，将直流电源用挠性电缆送到起重电磁铁上。

⑤ 两用桥式起重机。两用桥式起重机有3种类型，即抓斗吊钩桥式起重机、电磁吊钩桥式起重机和抓斗电磁桥式起重机。其特点是在一台小车上设有两套各自独立的起升机构，一套为抓斗用，另一套为吊钩用（或一套为电磁吸盘用，另一套为吊钩用；或一套为抓斗用，另一套为电磁吸盘用），但两套起升机构不能同时使用。

⑥ 三用桥式起重机。三用桥式起重机是一种多用的起重机。其基本构造与电磁桥式起重机相同。根据需要可以用吊钩吊运重物，也可以在吊钩上挂一个液压抓斗装卸物料，还可以将抓斗卸下来再挂上电磁吸盘，吊运有导磁性的黑色金属。液压抓斗靠交流电源工作，电磁盘靠直流电源工作，因此该机型必须同电磁桥式起重机一样，设置电动发电机组或可控硅直流电源箱。这种起重机适用于经常变换取物装置的物料场所。

(2) 冶金专用桥式起重机

冶金专用桥式起重机泛指在冶金（冶炼）生产过程及热加工过程中完成特定工艺的特种专用起重机，基本结构与普通桥式起重机相似，但在起重小车上还装有特殊的工作机构或装置。这种起重机的工作特点是使用频繁、工作条件恶劣、工作级别较高，主要有以下5种类型，如图1-3所示。

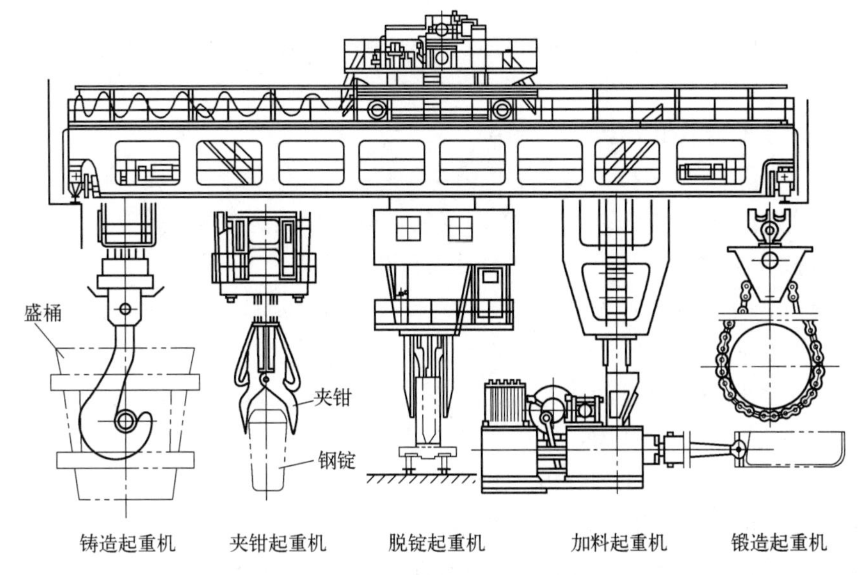

图1-3 冶金专用桥式起重机

① 铸造起重机。供吊运铁水注入混铁炉、炼钢炉和吊运钢水注入连续铸锭设备或钢锭模具等用。主小车吊运盛桶，副小车进行翻转盛桶等辅助工作。

② 夹钳起重机。利用夹钳将高温钢锭垂直地吊运到深坑均热炉中，或将其取出放到运锭车上。

③ 脱锭起重机。用以将钢锭从钢锭模具中强制脱出。小车上有专门的脱锭装置，脱锭方式根据钢锭模具的形状而定：有的脱锭起重机用顶杆压住钢锭，用大钳提起钢锭模具；有的用大钳压住钢锭模具，用小钳提起钢锭。

④ 加料起重机。用以将炉料加到平炉中。主小车的立柱下端装有挑杆，用以挑动料箱并将炉料送入炉内。主柱可绕垂直轴回转，挑杆可上下摆动和回转。副小车进行修炉等辅助作业。

⑤ 锻造起重机。用以与水压机配合锻造大型工件。主小车吊钩上悬挂特殊翻料器，用以支持和翻转工件。副小车用来抬起工件。

（3）防爆桥式起重机

防爆桥式起重机主要在具有爆炸性气体环境中吊运使用，其基本结构与普通桥式起重机相似，但在电机与电气部分及金属接触面等机械部分采取防爆措施，以保证防爆环境使用的安全性。防爆桥式起重机根据防爆类别可分为以下两种。

① 煤矿用防爆桥式起重机。主要应用于煤矿矿井地面上部分和矿井下非采掘面部分。该起重机应具有矿用煤安证书（MA认证）。

② 工厂用防爆桥式起重机。主要应用于具有可燃性气体或可燃性混合物等危险和重要场所。该起重机应具有国家检测中心颁发的防爆合格证。

1.2.2 门式起重机分类

门式起重机种类繁多且仍在不断发展，分类标准也各异。

① 按其主梁数目可分为：单主梁式和双主梁式。

② 按悬臂可分为：无悬臂式、单悬臂式、双悬臂式（可不等长）、铰接悬臂式、可伸缩悬臂式。

③ 按支腿与下横梁的构造形式可分为：L形、C形、U形、A形等。

④ 按支承方式可分为：轨道式、轮胎式。

⑤ 按起重小车形式可分为：电动/手拉葫芦式、单主梁自行小车式（垂直反滚轮式、水平反滚轮式）、双主梁小车式（自行式、牵引式、双小车式）、带固定臂架（或回转臂架）小车式、带运行（或回转）司机室小车式。

⑥ 按取物装置可分为：吊钩（或吊梁）、抓斗、集装箱吊具等。

⑦ 按使用场合和用途可分为：通用、造船、港口、水电站、装卸桥等类型。

本书主要按用途分类对门式起重机进行介绍。

(1) 通用门式起重机

通用门式起重机（GB/T 14406—2011）是指一般环境中工作的普通用途的门式起重机，用途最广泛。

通用门式起重机按主梁形式可分为单主梁和双主梁两类。单、双主梁门式起重机均有吊钩式、抓斗式、电磁式、抓斗吊钩式、抓斗电磁式、三用等几种类型。

单主梁门式起重机具有结构简单，制造、安装方便，自重轻等特点，多为偏轨箱形梁结构，很少见架结构的单主梁门式起重机。它与双主梁门式起重机比较，整体刚度略差一些。在起重量<50t、跨度<35m的条件下，常采用单主梁门式起重机。

双主梁门式起重机的品种较单主梁门式起重机更多。它具有承载能力强、跨度大、整体稳定性好、整体刚度大的优点，但整机自重较大，造价高，故多用于起重量和跨度较大的场合。当整机跨度S<30m时，两侧支腿通常采用刚性支腿构造，大跨度时两侧则采用刚-柔性支腿构造，以减小金属结构由于承

受载荷、温度变化等而导致的变形附加载荷，此时通常还应装设偏斜自动调整装置（或偏斜指示装置），用来减小和补偿偏斜运行对整机结构所产生的不良影响。

（2）水电站门式起重机

水电站门式起重机形似双主梁门式起重机，主要用于水电站大坝启闭闸门，也可进行安装作业。水电站门式起重机一般跨度较小，为8～16m，起升高度大，起重量大，达80～500t，起升速度较低，为1～5m/min，工作级别低，但要求可靠程度相当高。水电站门式起重机虽然不是经常吊运，但一旦使用，工作任务十分繁重，因此要适当提高工作级别。

（3）造船龙门起重机

造船龙门起重机主要用于船台拼装船体。为了适应船舶大型化及造船工艺的发展，造船龙门起重机具有一些典型的特征。例如，起重量、跨度、起升高度等都很大，采用刚-柔性支腿，上部主小车上布置有同步动作的两套主起升系统，从桥架两侧同时落钩，下部副小车可从上部主小车底部通过，上、下小车配合动作可实现大型分段船体抬吊、翻转180°等造船工艺需要。造船龙门起重机起重量一般为100～1500t，跨度达185m，起升速度为2～15m/min，还有0.1～0.5m/min的微动速度。

（4）集装箱龙门起重机

集装箱龙门起重机属于双主梁门式起重机的范畴，主要用于集装箱码头。拖挂车将岸壁集装箱运载桥从船上卸下的集装箱运到堆场或后方后，由集装箱龙门起重机堆码起来或直接装车运走，可加快集装箱运载桥或其他起重机的周转。可堆放高为3～4层、宽为6排的集装箱的堆场，一般用轮胎式集装箱龙门起重机，也有用有轨式集装箱龙门起重机。集装箱龙门起重机与集装箱跨车相比，它的跨度和门架两侧的高度都较大。为适应港口码头的运输需要，这种起重机的工作级别较高。起升速度为8～10m/min；跨度根据需要跨越的集装箱排数来决定，最大为60m左右，相当于20ft（1ft=0.305m）、30ft、40ft长集装箱的起重量分别约为20t、25t和30t。

（5）装卸桥

装卸桥（也称运载桥）是一种以高生产率为重要指标、专门用于装卸作业的门式起重机，其起重量通常不大，但跨度和工作速度较大，跨度一般为40～90m，通常采用桁架式结构和刚-柔性支腿构造，抓斗起升速度大于60m/min，小车运行速度更高（达200m/min），司机室通过特殊减振缓冲连接系统与小车一体运行，主要应用于冶金、发电、港口等有大宗散装物料（如矿石、煤炭等）的定点装卸场合。

第2章 基本结构及工作原理

- 基本结构
- 工作原理

2.1
基本结构

通用桥式起重机是由四大部分组成的：桥架、大车运行机构、起重小车（包括横向传动机构、梁空腹结构和吊钩的升降机构）、司机室（包括操纵机构和电气设备）。

2.1.1 桥式起重机基本结构

（1）桥架

通用桥式起重机的桥架由两根主梁和两根端梁及走台和护栏等零部件组成，如图 2-1 所示。其结构形式有两种，即箱形的和桁架式的。桁架式的主梁是用角钢互相铆接或焊接而成的。随着焊接技术的提高，现铆接已被取代。一般采用双主梁桁架形式的结构。箱形结构的主梁由钢板焊接而成，腹板下料及焊接工艺都考虑了主梁焊成后有预定的上拱度。

图 2-1 桥式起重机桥架

桥架外形的尺寸大小取决于起重机的起重量、跨度、起升高度和桥架的结构形式。桥架的跨度即为端梁的间距。沿端梁两端最外侧两车轮轴线间的距离叫作桥架的轴距，起到保证桥架水平刚度和稳定起重机运行的作用。桥架的高度取决于起重量、桥架的跨度和结构形式。桥架的主梁是承担小车重量和外载荷的，因此必须有足够的强度、静刚度和动力刚度，以保证在规定载荷作用下，其主梁的弹性下挠值在允许的范围内，以及不发生变形。另外，主梁应具有一定的上拱度，以此来抵消工作中主梁所产生的弹性变形，减轻小车的爬坡、下滑，并保障大车运行机构的传动性能。端梁都是采用箱形结构并与主梁呈刚性连接的，以保证桥架的刚度和稳定性。在端梁下面装有大车的车轮组，承担着起重机所有垂直方向的载荷。

（2）大车运行机构

大车运行机构主要用于水平运移物品或调整起重机工作位置，以及将作用在起重机上的载荷传递给基础建筑。根据大车运行机构所属零部件的不同功用，大车运行机构一般可由运行支承装置、运行驱动系统、运行安全装置等组成。

运行支承装置的主要作用是承受起重机或起重小车的自重和外载荷，并将这些载荷传递给运行基础或基座（土木建筑或金属钢梁），同时保证其实现规定的运动。对于有轨运行式起重机，其运行支承装置主要包括均衡装置（台车）、车轮与轨道等；对于无轨运行式起重机，其运行支承装置主要为轮胎或履带装置及底盘（车架、悬架、转向桥）等。

运行驱动系统用来驱动起重机或起重小车在专门铺设的轨道上（或普通道路上）运行。它主要包括主动机部分（电动机或内燃机）、减速器及传动部分、制动器等，对于无轨运行式起重机还有转向装置等。牵引式运行驱动系统与起升机构基本类似，而自行式电动运行驱动系统与起升机构非常相近，只要将具体的工作装置互换即可。

运行安全装置用来保证起重机或起重小车的安全行驶，包括行程限位装置、缓冲装置、防碰撞装置、防脱轨及清扫装置、抗风防滑装置（如夹轨器、固定装置）、风速监测装置（风速仪）、安全供电装置及大跨度时的自动纠偏装置等。

（3）起重小车

桥式起重机的起重小车是由小车架、起升机构和小车运行机构组成的。按小车的主梁结构形式，起重小车可分为单梁起重小车和双梁起重小车。通用桥式起重机的起重小车都是双梁的。

起升机构是用来升降重物的，是起重机的重要组成部分。在吊钩桥式起重机的起重量大于15t时，一般设有两套起升机构，即主起升机构与副起升机构。两者的起重量不同，起升速度也不同。主起升机构的起升速度慢；副起升机构的起升速度快，但其结构基本是一样的。

桥式起重机都是采用电动的起升机构，由电动机、制动器、减速器、卷筒、定滑轮组和钢丝绳等零部件组成。起重小车的运行机构承担着重物的横向移动。起重小车架可以由钢板焊接而成，小起重量的小车架也有用型钢焊接制成的，大多数小车架是型钢与钢板的混合结构。

起重小车架是桥式起重机的重要部件之一，因上面装设起重机的起升机构和小车的运行机构，还承担着所有的外加载荷。它也是由主梁和端梁组成的。沿小车轨道方向的梁叫作主梁，是箱形结构的，小车车轮即安设在此梁下面。与小车轨道相垂直的梁称为端梁。主梁和端梁连接的地方，在主梁内设有隔板。此外，在小车架上还设有安全保护装置，如安全压尺、缓冲器、排障板和护栏等。

（4）司机室

司机室是起重机操作者工作的地方。司机室内设有操纵起重机的控制设备（大车、小车、主钩、副钩的控制器）、信号装置和照明设备，如图 2-2 所示。上挡架的梯门和舱口都设有电气安全开关，并与保护盘互相联锁。只有梯门和舱口都关闭好之后，起重机才能开动。这样可以避免车上还有工作人员没安全进入司机室时就开车，造成人身事故。

图 2-2　司机室

2.1.2　门式起重机基本结构

门式起重机尽管种类繁多，但构造大同小异，都由司机室及电气设备、小车、大车运行机构、门架和大车导电装置等组成。抓斗门式起重机有时还设置煤斗车。

（1）电气设备

门式起重机的动力源是电力，靠电力进行拖动、控制和保护。门式起重机的电气设备是指轨道面（大车轨道由使用单位负责）以上起重机的电气设备。门式起重机的机上电气设备，大部分安设在司机室和电气室内。如无电气室，相关设备可放在门架走台上。一般的司机室、电气室固定在主梁下面，不随小车移动。但抓斗门式起重机、装卸桥等的司机室和电气室是随小车一起移动的。门式起重机电气方面的拖动原理、电气设备、保护原理、控制原理等与桥式起重机区别不大。

（2）小车

门式起重机小车一般由小车架、小车导电架、起升机构、小车运行机构、小车防雨罩等组成，以实现小车沿主梁方向的移动、取物装置的升降，以及吊具自身的动作，并适应室外作业的需要。小车形式根据主梁的不同而异，主要有以下三种。

① 双主梁门式起重机的小车。双主梁门式起重机的小车形式，与桥式起重机小车形式基本相同，都属于四支点形式。

② 单主梁门式起重机的小车。单主梁门式起重机的小车分为垂直反滚轮式单主梁门式起重机的小车和水平单主梁门式起重机的小车。

③ 具有减振装置的小车。运行速度＞150m/min 的装卸桥小车，为了减小冲击，设置了减振装置，同时，为了保证启、制动时驱动轮不打滑，一般采用四角驱动形式，四个车轮均为驱动轮。

（3）大车运行机构

门式起重机的大车运行机构都采用分别驱动的方式。车轮分为主动车轮和被动车轮。车轮的个数与轮压有关，主动车轮占总车轮数的比例，是以防止启动和制动时车轮打滑为前提而确定的。一般门式起重机的驱动为 1/2 驱动，也有 1/3 驱动、2/3 驱动或全驱动的。

一般门式起重机的大车运行机构车轮为四个，布置在下横梁的四个角上。同一轨道上两轮中心距称为轮距，一般情况下，轮距与跨度之比为 1/6～1/4。当车轮轮压大时，可采取增加四个角上车轮数量的形式，两个车轮组成一个平衡台车，与下横梁铰接。如果四个车轮同在一个角，可由两个平衡台车组成一个大的平衡台车与下横梁铰接。

车轮的布置形式很多，应由设计者根据整机轮压计算情况，并考虑使用单位对基础的要求来确定。

（4）门架

门式起重机的门架是指金属结构部分，主要包括主梁、支腿、下横梁、梯子平台、走台栏杆、小车轨道、小车导电支架、操纵室等。门架可分为单主梁门架和双主梁门架两种。

① 单主梁门架。单主梁门架由一根主梁、两个支腿（或两个刚性腿，或一刚性腿加一挠性腿）、两个下横梁、自地面通向司机室和主梁上部的梯子平台、主梁侧部的走台栏杆、小车导电支架、小车轨道、司机室、电气室（也可能没有电气室）等部分组成。

② 双主梁门架。双主梁门架的主梁多为两根偏轨，箱形梁两主梁间由端梁连接，形成水平框架。主梁一般为板梁箱形结构，也有的为桁架结构。其支腿设有上拱架，与下横梁一起形成一次或三次超静定框架。

(5) 大车导电装置

大车导电装置用来将地面电源引接到起重机上，以实现起重机拖动、控制和保护作业。大车导电装置种类比较多，导电形式由使用单位订货时指定。

① 电拖滑线导电装置。从起重机设计来说，这种导电装置比较容易实现，但从使用单位来说，则需要设立数根电线杆，将地面电源线架起，建设费用较高，而且由于电源线架空较高（约 10m 以上），维修比较困难。

② 电缆卷取装置。从使用单位来说，这种装置只要在地面预埋电缆并引出起重机全行程所需的电缆即可，较容易实现。机上设电缆卷取装置，将引出电缆缠绕到卷曲装置上，随着起重机的运行进行卷缆和放缆，实现起重机的电气驱动与控制。

(6) 煤斗车

抓斗门式起重机和装卸桥，根据用户的要求，有时需要设置煤斗车。煤斗车由煤斗及跨外皮带输送机组成。散粒物料经抓斗抓取卸到设置在下横梁上的煤斗内，再经跨外皮带输送机输送到地面的汽车或火车上，或地沟皮带机上。为了使物料在煤斗中顺利滑下，煤斗上还设有振动给料装置或振荡器。

(7) 安全装置

门式起重机的安全装置都设置在各机构中。为明确起见，在此单独加以说明。

门式起重机的小车、大车都设有缓冲器，并与小车、大车的限位开关配合使用。限位开关失灵时，缓冲器发挥作用。防风装置包括夹轨器、卡轨器、压轨器、锚固装置等。大跨度的门式起重机（一般指跨度＞40m）和装卸桥，由于两上支腿速度差，易造成跑偏现象。为了防止门式起重机在运行中的过大偏斜，常设有偏斜指示装置。这类装置有偏斜器、偏斜指示器和偏斜自动调整装置。就目前国内的设计制造水平来看，这类装置还有待加强研究，提高其可靠性，以及司机室、栏杆、梯子等的安全防护。起重量大于 10t 的门式起重机，应装设起重量限制器。对进入门式起重机的门和由司机室卷上的门架主梁舱口门，应设置安全保护联锁开关，当通道门打开时，起重机不能运行。属于外露的有伤人可能的活动件，如开式齿轮、联轴器、浮动轴链轮、链条等，均应装防护罩。在大车运行机构四角端部都设置扫轨器。在起重机运行过程中，用它清扫轨道面上的杂物，保证车轮正常运行。门式起重机大多采用转式限位开关，安装在卷筒的尾部。门式起重机的小车、大车，都设置两端极限行程限位开关。极限行程限位开关的安装位置根据小车、大车行驶情况而定，使之在没达到极限位置前动作，切断电源，经惯性停车后达到极限位置。极限行程限位开关工作正常时，不应碰上车端缓冲器。

2.2 工作原理

2.2.1　桥式起重机的工作原理

通用桥式起重机的运动是由大车的纵向、小车的横向及吊钩（抓斗和磁盘）的上下三种运动组成的。有时是单一的动作，有时是合成的动作。它们都有各自的传动机构来保证其运动形式的实现。

（1）起升系统的传动

起升机构的动力来源于电动机，经齿轮联轴器、补偿轴、制动轮联轴器，将动力传递给减速器的高速轴端，并经减速器把电动机的高转数降低到所需要的转数之后，由减速器低速轴输出，经卷筒上的内齿圈，把动力传递给卷筒组，再通过钢丝绳和滑轮组使吊钩（抓斗或磁盘）进行升降，从而达到升降重物的目的。

（2）起重小车运行系统的传动

动力来源于电动机，经制动轮联轴器、补偿轴和半齿联轴器，将动力传递给立式三级减速器的高速轴端，并经立式三级减速器将电动机的高转数降低到所需要的转数之后，再由低速轴端输出，又通过半齿联轴器、补偿轴、制动轮联轴器与小车主动车轮轴连接，从而带动小车主动车轮的旋转，实现小车的横向运送重物。

（3）大车运行系统的传动

动力来源于电动机，经制动轮联轴器、补偿轴和半齿联轴器将动力传递给减速器的高速轴端，并经减速器把电动机的高转数降低到所需要的转数之后，由低速轴传出，又经全齿联轴器把动力传递给大车的主动车轮组，从而带动大车主动车轮的旋转，实现桥架的纵行吊运重物。大车的两端驱动机构是一样的。

2.2.2 门式起重机的工作原理

门式起重机由起升机构、小车运行机构和大车运行机构三个部分构成。通常正常的工作操作步骤：首先是起吊动作，控制开动启动机构，将空钩下降到合适的位置；其次，起吊装置将物品上升到合适的高度，开动小车运行机构和大车运行机构到预定位置；最后，再次开动起升机构将物品降下来，然后将空钩上升到合适的高度，将小车运行机构和大车运行机构控制运行到原来的位置，做好下一次吊运工作。

每次运送物品结束，接着重复上一个过程，这个工作过程视为一个周期。在同一个周期内，每个机构都不是在同一时间工作的，一般这个机构在工作时，其他机构处于静止，但是每个机构都至少要做一次正向运转和一次反向运转。

第3章 主要用途及技术参数

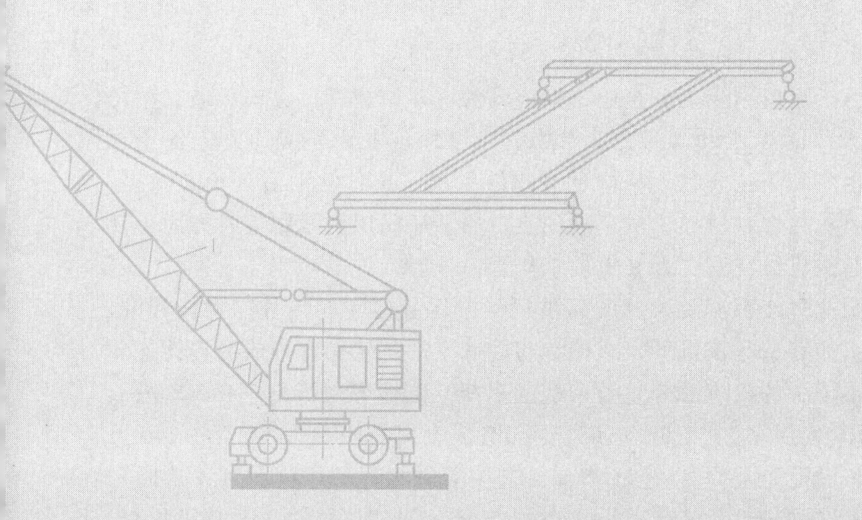

- 主要用途
- 技术参数

起重机械作为通常意义上人们比较熟悉的机械设备之一，在人类的生活和生产活动中实现了装卸搬运、降低劳动强度、高效安全运行、满足特殊工艺要求、物流系统匹配、工业过程机械化与自动化等需求。而参数可用于表征起重机械的工作性能（承载搬运能力）、作业范围、外形尺寸和技术经济指标等，是设计制造和选择使用起重机械的技术依据。参数的确定既应满足用户的使用要求，还要考虑现实生产条件和经济效益等影响因素，类型不同则参数也不相同。起重机械的主要参数应遵守标准《起重机　术语　第1部分：通用术语》（GB/T 6974.1—2008）的相关规定，通常包括起重量、跨度、幅度、起升高度、工作速度及工作级别等，有些机型还包括生产率、轨距、基距、最大轮压、自重、外形尺寸等。

3.1 主要用途

起重机械已广泛应用于工矿企业、港口码头、车站仓库、建筑工地、海洋开发、航空航天、能源建设（火力、水力、风电、核电）等国计民生各个领域，可以说从生产到工艺流程、从搬运到物流系统、从日常生活到抢险救援、从物品到人员、从陆地到海洋、从车辆到飞行器、从民用到军用等各方面，都有类型繁多的起重机械在安全且高效地工作着。

大型钢铁企业每年都需要大量的起重机械搬运上亿吨的各种物料，其中，冶金起重机械（如铸造起重机等）直接参与冶炼生产工艺操作，成为连铸连轧生产系统中必不可少的组成部分。若铸造起重机（起重量为125～450t）因故障停止工作1h，就会少生产160～600t钢，造成直接经济损失60万～240万元。另外，机械制造企业每生产1t产品，需要装卸搬运50t物料（铸造时则为80t）。某航运公司速度为18n mile/h（1n mile＝1852m）的5万吨级货船，执行7000n mile的往返航班仅需16天，航行中沿途停靠6个港口装卸搬运货物的时间却为37天（约占70％），而装卸费用占总运费的40％～60％。

20世纪80年代初，国内港口行业曾由于装卸搬运装备数量少、性能低、管理差等原因，致使装卸作业效率极低（仅为国外的8％），最终导致严重的压船压港现象，甚至出现到港外贸船舶等待一月有余仍没有得到靠泊机会的现象，造成非常惊人的社会和经济损失。由此可知，起重机械早已成为保障港口码头高效作业的重要装备，高耸林立、造型别致的各种类型起重机（群）已成为现代化港口一道亮丽的风景线。国内常见的60万千瓦火力发电机组，耗煤量约为 9500t/d（燃烧值为 5000kcal，1kcal＝4186.8J），运输这些煤需要 158 节火车货厢，若电厂输煤系统的装卸搬运机械出现故障，则整个发电系统都难以正常工作，而仅靠人力来完成输煤这项工作更是难以想象的事情。

另外，水电/核电/风电建设及运行、高层建筑施工、大型水下考古作业、大型船舶建造、卫星和宇宙飞船发射、抗灾救援场合等都离不开起重机械。此外，高层建筑和公共场所的电梯（或自动扶梯）、立体停车库、大型多功能舞台、大型升降娱乐设施等还可用来提高人们的生活质量，满足人们的物质和文化需求。随着工业生产规模的扩大和自动化程度的提高，装卸搬运费用在工业生产成本中所占的比例越来越大，而起重机械正是实现机械化和自动化的主要物质手段。据统计，美国工业产品的装卸搬运费用占总成本的 20%～30%，德国企业的物料搬运费用约占营业额的 1/3，英国每年物料搬运费用超过 10 亿英镑，日本用于物料搬运的费用占国内生产总值的 10.73%，法国机械工业购置物料搬运设备的投资比例约占国内生产总值的 15%。我国产品成本中装卸搬运费用也占有较大的比例，机械、化纤工业部门一般为 20%～30%，汽车制造业约为 30%，钢铁、水泥、化工等企业甚至高达 50%～80%。综上所述，起重机械已广泛应用于国民经济各部门，是进行物质生产和物资流通不可或缺的关键工艺设备和重要装备，是合理组织成批大量生产、机械化流水作业的工业基础，甚至是某些部门重要的生产力要素，也是现代化生产必不可少的重要标志，可以表征一个国家生产过程的机械化和自动化水平。另外，起重机械对于减轻繁重的体力劳动，提高生产效率，以及改善人们的物质文化生活等，都具有重要的现实意义。

3.2 技术参数

起重机的参数是表征其技术性能的指标，也是设计和选用起重机的依据。它主要包括起重量、轨距（或跨度、轮距）、幅度（或外伸距）、起升高度、工作速度、工作级别、起重机外形尺寸、自重和轮压等。

3.2.1 起重量

（1）概述

起重机起吊重物的质量值称为起重量。起重量通常是指最大额定起重量，它表示起重机正常工作时所允许起升的最大重物的质量。对于使用吊钩的起重机，它是指允许吊钩吊起的最大重物的质量。对于使用吊钩以外各种吊具的起重机，如使用抓头、电磁吸盘、集装箱吊具等的起重机，这些吊具的质量应包含在内，即为允许起升的最大重物质量与可拆吊具的质量之和。

为了适应国民经济各部门的需要，同时考虑到起重机品种发展需要实现标准化、系列化和通用化，国家对起重机的起重量制定了系列标准。在选定起重量时，应使其符合我国起重机械系列标准和交通行业标准的规定，见表 3-1。

表 3-1　起重机械最大起重量系列（GB/T 783—2023）　　t

0.1	0.125	0.16	0.2	0.25	0.32	0.4	0.5	0.63	0.8
1	1.25	1.6	2	2.5	3.2	4	5	6.3	8
10	12.5	16	20	25	32	40	50	63	75
80	100	130	150	160	200	250	320	400	500
600	630	800	1000	1250	1600	2000	2500	3000	3500
			4000	4500					

（2）有关起重量的参数

① 有效起重量。有效起重量是指直接吊挂在起重机械固定吊具上（无可分吊具时）或可分吊具上的被起升物品的质量 m_{PL}，当从水中起吊重物（或闸门）时，还应计入水流的吸附（或负压）作用所产生的影响。

② 净起重量。净起重量是指吊挂在起重机械固定吊具上的被起升重物的总质量 m_{NL}，它是有效起重量和可分吊具质量之和。如无可分吊具（$m_{NA}=0$），则净起重量即为有效起重量（被起升物品的质量）。

③ 起重挠性件下起重量。起重挠性件下起重量（hoist medium load）是指吊挂在起重挠性件下端被起升重物的总质量 m_{HL}，它是有效起重量、可分吊具质量与固定吊具质量之和。

④ 总起重量。总起重量是指直接吊挂在起重机械（如起重小车或臂架头部）上的被起升重物的总质量 m_{GL}，它是有效起重量、可分吊具质量、固定吊具质量与起重挠性件质量之和。

⑤ 额定起重量。额定起重量 m_{RC} 是指在正常工作条件下，对于给定机型和载荷位置的起重机械，其设计能起升的最大净起重量；对于流动式起重机，其额定起重量则为起重挠性件下起重量。

⑥ 最大起重量。最大起重量 m_{MC} 是指额定起重量的最大值。额定起重量通常可简称为起重量。

桥架类型起重机械的额定起重量是定值；臂架类型起重机械的额定起重量可以是一个定值，也可以是与臂架幅度（或长度）相对应的可变化的值，此时的额定起重量可能是多个值，也可能是一条变化的曲线；在无特殊说明时，“起重量”一般表示最大起重量，即最大额定起重量。

需要注意：用于计算的起升载荷是所对应起重量的载荷表现（作用力），单位为 N 或 kN；除额定起升载荷为 P_Q（或 P_{QRC}）外，其余下角标应与所对应的起重量保持一致。

3.2.2 跨度、轨距与轮距

桥架类起重机械运行轨道中心线之间的水平距离通常称为跨度（span），用 S 表示（图 3-1），单位为 m；起重小车、轨行式臂架起重机（整机）运行轨道中心线（track center）之间的水平距离分别称为小车轨距和起重机轨距，两者皆以 K 表示［图 3-2（a）、（b）］，单位为 m；轮胎式臂架起重机运行车轮踏面中心线之间的水平距离称为轮距（track center），也以 K 表示［图 3-2（c）］，单位为 m。

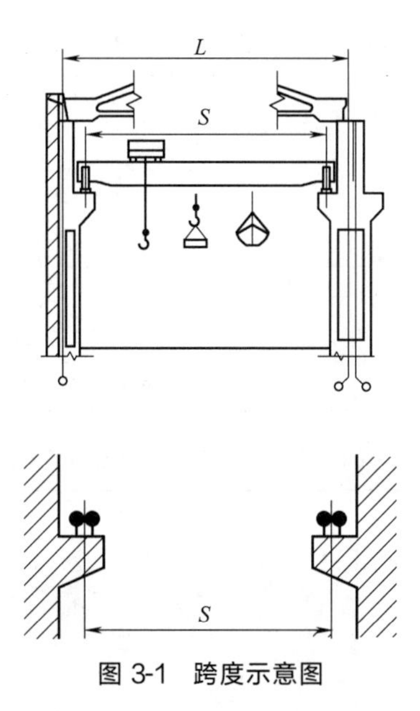

图 3-1　跨度示意图

起重机械的跨度、轨距与轮距是与其工作路径有关的参数，其中，桥架类起重机械的跨度还能表征其工作承载能力。桥式起重机跨度 S 依据厂房跨度 L 而定，通用桥式起重机的跨度 S 见表 3-2，表中较小跨度值通常用于建筑物上与主梁之间留有安全通道的情况。门式起重机和装卸桥的跨度（包括悬臂长度）视所覆盖的货场货位、线路股数、汽车通道等要求而定，通用门式起重机的跨度和悬臂有效伸距见表 3-3。

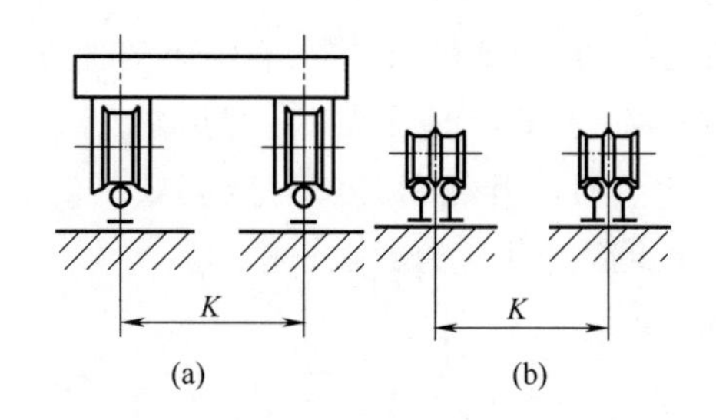

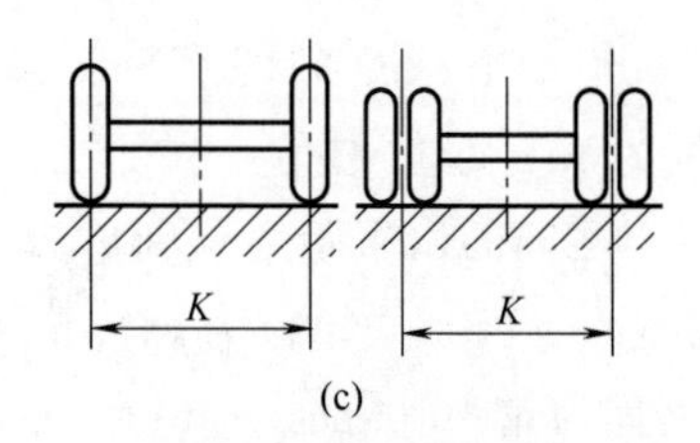

图 3-2 轨距示意图

表 3-2 通用桥式起重机跨度（GB/T 14405—2011） m

起重量 G_n/t		建筑物跨度定位轴线间距 L										
		12	15	18	21	24	27	30	33	36	39	42
		起重机跨度 S										
⩽50	无通道	10.5	13.5	16.5	19.5	22.5	25.5	28.5	31.5	34.5	37.5	40.5
	有通道	10	13	16	19	22	25	28	31	34	37	40
＞50～125		—	—	16	19	22	25	28	31	34	37	40
＞125～320		—	—	15.5	18.5	21.5	24.5	27.5	30.5	33.5	36.5	39.5

表 3-3 通用门式起重机跨度和悬臂有效伸距（GB/T 14406—2011） m

起重量 G_n/t	跨度 S									
⩽50	10	14	18	22	26	30	35	40	50	60
＞50～125	—	—	18	22	26	30	35	40	50	60
＞125～320	—	—	18	22	26	30	35	40	50	60
悬臂有效伸距 L	3.5		3～6			5～10		6～15		

3.2.3 幅度

幅度是指整机置于水平场地时，从回转平台中心线（非回转类时可取为臂架后轴线或其他典型轴线）至取物装置垂直中心线之间的水平距离，用 R 表示［图3-3（a）］，单位为m。

臂架类起重机的幅度（也称工作幅度）是与其工作范围有关的参数，也能表征其工作承载能力。对臂架类起重机而言，通过改变臂架倾角或长度、小车在水平臂架上运行等方法，可以使其工作幅度发生变化，因而相应地有最大幅度R_{max}、最小幅度R_{min}和有效幅度（R_{min}～R_{max}）之分。名义幅度是指最大幅度R_{max}。R_{max}是指臂架倾角最小或小车在臂架最外极限位置时的幅度；而最小幅度R_{min}是指臂架倾角最大或小车在臂架最内极限位置时的幅度［图3-3（b）、（c）］。另外，工作幅度的大小还与起重能力（空载、满载等）有关。需要注意的是，轮胎式起重机还应考虑其最小幅度的有效值，即R_{minE}，它能表明该机械在最小幅度时利用最大起重量作业的实际可能性。R_{minE}通常是指使用支腿工作、臂架位于侧向最小幅度时，取物装置中心线至该侧支腿中心线的水平距离［图3-3（d）］，其值可能为正值或负值。当某些大吨位起重机的R_{minE}为负值时，则表明该机由最小幅度R_{min}所决定的最大额定起重量往往

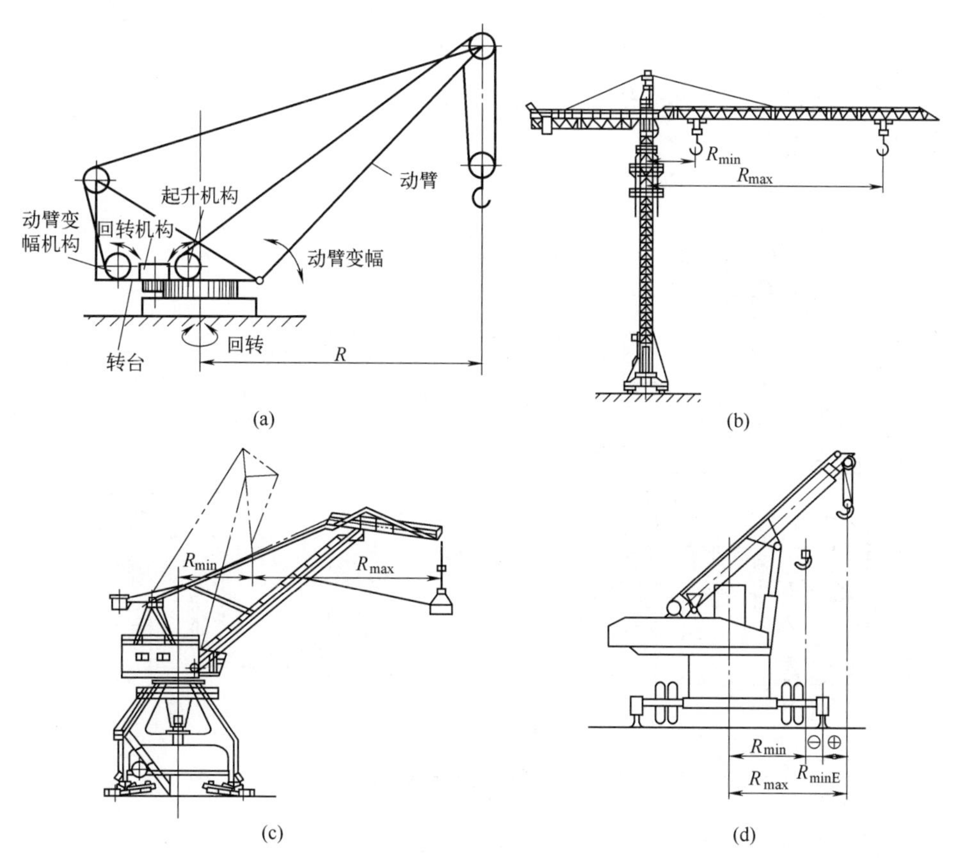

图3-3　幅度示意

没有实际意义，它只代表由稳定性等因素所决定的名义起重能力。幅度应根据起重机械所要求的工作范围而定。门座起重机最大幅度应考虑码头或船台（船坞）岸边的轨道布置尺寸、船舶尺寸、外挡过驳以及是否跨船作业等来确定；最小幅度往往受到整机构造与布置的限制以及安全要求等因素的制约，但应扩大工作范围。

3.2.4 起升高度、下降深度与起升范围

起升高度（load-lifting height）是指起重机械支承面至取物装置最高工作位置（上极限位置）之间的垂直距离，用 H 表示［图 3-4（a)］，单位为 m。对于上极限位置，吊钩和货叉应取其承载支承面（内表面），其他取物装置应取其闭合状态最低点。起重机械支承面通常取支承整机运行底架的基础平面——工作场地的地面、轨道顶面、水面等。

下降深度（load-lowering height）是指起重机械支承面至取物装置最低工作位置（下极限位置）之间的垂直距离，用 h 表示［图 3-4（b)］，单位为 m。对于下极限位置，吊钩和货叉应取其支承面（外表面），其他取物装置应取其闭合状态最低点。

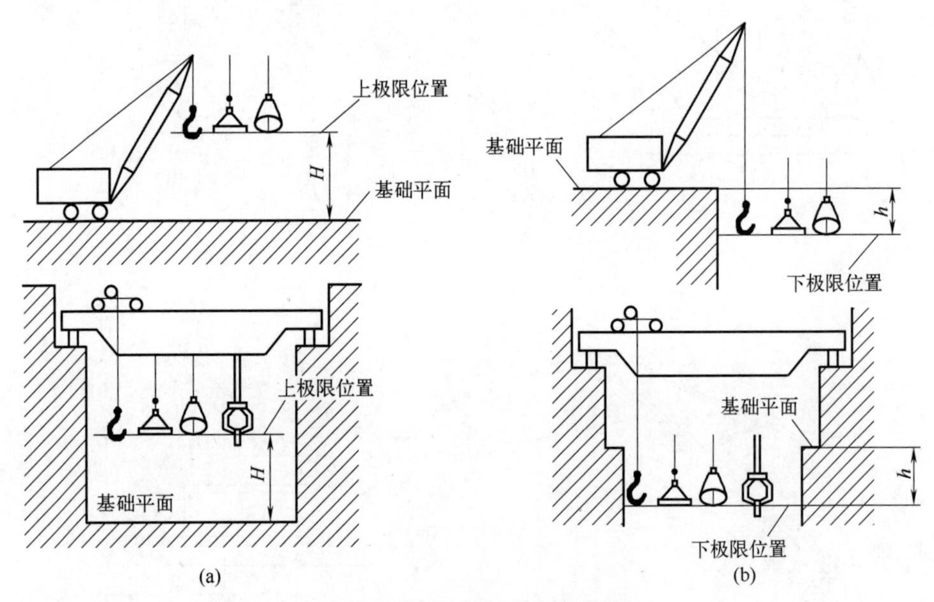

图 3-4 起升高度与下降深度示意

起升范围（lifting range）是指取物装置最高和最低工作位置（上、下极限位置）之间的垂直距离，即起升高度和下降深度之和，用 H_{LR} 表示，则

$H_{LR}=H+h$。起升高度和下降深度应根据具体机型的作业要求进行选择，当无特殊要求时，均应按国家标准执行。通用桥式起重机起升高度见表 3-4，对于有范围要求的起升高度，其具体值可按系列设计的通用方法确定（与起重量有关）；当用户所需起升高度不在表 3-4 中所列常用值范围内时，其实际起升高度通常可从 6m 开始，并以 2m 为一挡。在确定起重机械起升高度时，除应考虑被起吊物品高度方向的最大尺寸以及需要的过障高度外，还应考虑配属吊具所占高度尺寸（包括挠性悬挂长度）。俯仰或伸缩臂架起重机的起升高度可随臂架仰角和臂长而变化（起升高度曲线）。对港口、造船、水上起重机等，还应考虑最大船舶满载和空载、涨潮和退潮、船倾角等因素对起升高度和下降深度的影响。另外，副钩起升高度通常会比主钩高 2m 左右。

表 3-4　通用桥式起重机起升高度（GB/T 14405—2011）　m

额定起重量 m_{RC}/t	吊钩				抓斗		电磁
	一般起升高度		加大起升高度		起升高度		一般起升高度
	主钩	副钩	主钩	副钩	一般	加大	
≤50	12～16	14～18	24	26	18～26	30	16
>50～125	20	22	30	32	—	—	—
>125～320	22	24	32	34	—	—	—

3.2.5 工作速度

（1）影响因素

起重机械的工作速度是指四大机构在工作载荷下保持稳定运动状态的工作速度，其合理与否将直接影响整机的工作性能，包括作业效率、驱动功率、惯性动载荷、吊装平稳性、安全性等。工作速度除按用户要求和机型确定外，通常还需要考虑如下因素：

① 工作性质和使用场合。对于经常工作的、工作级别较高的、有较高生产率要求的工作机构，一般可采用高速；对于工作级别较低的、非工作性的或调整性的工作机构，一般采用低速；一般用途场合采用中等工作速度，大批量装卸货物场合采用高速，安装作业时采用低速和微速；装卸、安装、转运等多用途时可采用多种速度或调速；满载工作时采用低速，轻载、空载工作时则采用高速。

② 起重量和载荷大小。起重量及自重载荷等较小时可采用高速，反之则宜采用低速。

③ 工作行程长短。工作行程较长时宜采用较高的工作速度，工作行程较短时宜采用较低工作速度。合理的工作速度值应能使机构在正常工作时多处于稳定运动状态；当机构启动、制动加速度 a 给定，行程为 s 时，其适宜的工作速度 v 应取最大工作速度的 50%～70%。

④ 其他各机构作业性质的差异、两个机构同时工作的要求、与生产工艺过程之间的协调、调速要求和电气实现方法等都会影响工作速度。例如，回转速度因受到启动、制动惯性力的限制而只能取得很小，变幅速度由于受到带载变幅运动平稳性、安全性等影响，也不能取得太大。

(2) 工作速度

起重机械的机构工作速度通常包括起升、运行、变幅和回转四类。前三项常用字母 v 表示，单位为 m/min（或 m/s），回转速度用字母 n 表示，单位为 r/min。

① 起升/下降速度（load-lifting/lowering speed）。起升/下降速度是指在稳定运动状态下，额定工作载荷的垂直位移速度，通常有快速、慢速和微速之分。额定起升速度通常对应机构满载静功率时的电动机转速；多层卷绕的起升速度按钢丝绳在卷筒上第一层（内层）卷绕时计算；伸缩臂架式起重机在不同臂长作业时需改变起升滑轮组倍率，其起升速度常用单绳速度表示。微速下降速度（precision load-lowering speed）是指在稳定运动状态下，安装或堆垛最大额定载荷时的最小下降速度。

② 运行速度（operating speed）。运行速度是指整机在稳定运动状态下，带工作载荷沿水平路径的位移速度。小车运行速度（crabtraversing speed）是指在稳定运动状态下，小车带工作载荷沿水平轨道做横移运动时的速度。行驶速度（transport/road speed）是指流动式（或浮式）起重机在水平道路（或水面）行驶时，依靠自身动力驱动的最大运行速度，常用单位为 km/h。

③ 变幅速度（derricking speed）。变幅速度是指在稳定运动状态下，起重机在工作载荷最大幅度与最小幅度间水平位移的平均速度。采用俯仰臂架摆动变幅时，通常可采用平均变幅速度或变幅时间来表示。变幅时间（derricking time）是指幅度从最大值变成最小值所需的时间，如装卸用起重机变幅时间多为 20～50s。采用臂架小车变幅时，变幅速度即为小车运行速度。

④ 回转速度（slewing speed）。回转速度是指在最大幅度带工作载荷稳定运动状态下，起重机回转部分的回转角速度。回转速度过高，则回转启动、制动切向惯性力较大，使货物在切线方向摆动大、衰减慢，影响作业效率，故回转速度的选取应考虑幅度的大小，通常 10m 左右幅度时的回转速度不应超过 3r/min；如果同时考虑幅度、吨位等因素，可推荐满载、大幅度，回转速度

取额定速度的 60%～70%。另外，港口门座起重机臂架外端的最大回转圆周线速度通常限于 300～360 m/min，船厂和水利电力门座起重机的最大回转圆周线速度通常限于 240 m/min。

（3）其他各种机型的通用起重机械

在选取其各机构工作速度的名义值时，一般宜尽可能地靠近下列数系（单位为 m/min）：0.63，0.8，1.0，1.25，1.6，2.0，2.5，3.2，4.0，5.0，6.3，8.0，10，12.5，16，20，25，32，40，50，56，63，71，80，90，100。

通用桥式起重机各机构的工作速度应优先采用表 3-5 和表 3-6 中所推荐的数值。

表 3-5　抓斗/电磁、二用及三用桥式起重机工作速度（GB/T 14405—2011）　m/min

起重机类别	起升速度	小车运行速度	起重机运行速度
抓斗桥式	20～63	25～56	71～100
二用桥式	20～50	25～50	50～100
电磁桥式	10～25	20～50	40～90
三用桥式	6.3～16		

注：起重机的运行速度也可高于 112m/min，此时应注意引起轨道安装的变化。

表 3-6　通用吊钩桥式起重机工作速度（GB/T 14405—2011）　m/min

起重量	类别	工作级别	主钩起升速度	副钩起升速度	小车运行速度	起重机运行速度
≤50t	高速	M7、M8	6.3～20	10～25	40～63	71～100
	中速	M4～M6	4～12.5	5～16	25～40	56～90
	低速	M1～M3	2.5～8	4～12.5	10～25	20～50
>50～125t	高速	M6、M7	4～12.5	5～16	32～40	56～90
	中速	M4、M5	2.5～8	4～12.5	20～36	50～71
	低速	M1～M3	1.25～4	2.5～10	10～20	20～40
>125～320t	高速	M6、M7	2.5～8	4～12.5	25～40	50～71
	中速	M4、M5	1.25～4	2.5～10	16～25	32～63
	低速	M1～M3	0.63～2	2～8	10～16	16～32

注：1. 在同一范围内的各种速度，具体值的大小应与起重量成反比，与工作级别和工作行程成正比。

2. 地面有线操纵起重机运行的速度按低速类别取值。

3. 起重机的运行速度也可高于 112m/min，此时应注意引起轨道安装的变化。

3.2.6　工作级别

各种类型的起重机械都具有间歇性、变载荷、重复短时、周期循环等工作特点。当机型、工作承载能力和搬运能力相同的起重机械，分别在使用工况条件（工作频繁性、载荷大小、作用特性等）有较大差异的场合工作时，其金属结构件和零部件、机构以及整机都将处于不同的工作状态，这是起重机械工作及设计过程中与连续通用机械（工作持续、载荷稳定、无短时间的周期间断性等）的显著区别。因此，设计规范通过采用“工作级别”（工作制度）参数来描述不同场合在役起重机械的工作“繁”“重”程度，并以此反映和划分其抗疲劳能力的等级，实现了基于安全、耐用、经济等综合指标的合理设计、制造与选用，为系列化、标准化、预期寿命设计等提供了基础性技术依据。

工作级别的划分包括起重机械整机分级、机构分级、结构件或机械零部件分级三个层次，主要由两个典型使用特征决定：使用时“繁”（忙闲）的程度——使用等级，吊运货物“重”（满载率及次数）的程度——载荷状态级别。

工作级别的划分是基于 Miner 的“疲劳线性损伤累积理论”而建立的，即遵从所谓的“对角线等寿命”原则：同一对角线上（分级矩阵左下角到右上角）的工作级别是相同的，每种工作级别的使用等级与载荷状态级别的乘积也是相同的；而相邻对角线上的工作级别正好相差一倍，其每种工作级别的使用等级与载荷状态级别的乘积也正好相差一倍；也就是说，在符合对角线原则的条件下，使用等级和载荷状态级别不同但两者乘积相同的起重机械，可以划为同一工作级别。

（1）起重机整机的分级

① 起重机的使用等级。一台起重机械的设计预期寿命是指设计预设的，从开始使用时起到最终报废时止能完成的总工作循环数 C_T。起重机一个工作循环是指从起吊一个物品时起，到能开始起吊下一个物品时止，包括起重机运行及正常停歇在内的一个完整的过程。因此，从设计效应的角度看，设计预期寿命内的总工作循环次数可以表征起重机械使用频率的具体情况使用等级。为方便起见，按起重机械可能完成的总工作循环数划分成 $U_0 \sim U_9$ 共 10 个级别的使用等级，见表 3-7。

表 3-7　起重机的使用等级（GB/T 3811—2008）

使用等级	总工作循环数 C_T	起重机使用频繁程度
U_0	$C_T \leqslant 1.60 \times 10^4$	很少使用
U_1	$1.60 \times 10^4 < C_T \leqslant 3.20 \times 10^4$	
U_2	$3.20 \times 10^4 < C_T \leqslant 6.30 \times 10^4$	
U_3	$6.30 \times 10^4 < C_T \leqslant 1.25 \times 10^5$	
U_4	$1.25 \times 10^5 < C_T \leqslant 2.50 \times 10^5$	不频繁使用

续表

使用等级	总工作循环数 C_T	起重机使用频繁程度
U_5	$2.50\times10^5<C_T\leqslant5.00\times10^5$	中等频繁使用
U_6	$5.00\times10^5<C_T\leqslant1.00\times10^6$	较频繁使用
U_7	$1.00\times10^6<C_T\leqslant2.00\times10^6$	频繁使用
U_8	$2.00\times10^6<C_T\leqslant4.00\times10^6$	特别频繁使用
U_9	$4.00\times10^6<C_T$	

不同使用场合的起重机械的使用等级，既可以根据其实际工作场合、环境条件、用户要求（包括双方协商）等因素来确定，也可以由设计者依据实际设计经验来确定，还可以参考表3-7中的定性说明来确定。

在一般情况下，考虑到金属结构的主要承载构件具有不可更换性，且应满足与整机同步停止工作或报废的要求，因此，整机可以采用金属结构主要承载构件的设计预期寿命为计算依据。国内起重机械金属结构主要承载构件的设计预期寿命为15～50年，通常取为20～30年，每年工作天数为200～300d，而每天使用小时数则与工作忙闲程度有关。

② 起重机的起升载荷状态级别。是指在该起重机设计预期寿命期限内，它的各个有代表性的起升载荷值及相对应的起吊次数，与其额定起升载荷值及总的起吊次数的比值情况。由于表示载荷利用率（载荷比值）与次数利用率之间关系的图形即为载荷谱，因此，起重机的起升载荷状态级别通常可按载荷谱系数 K_P 的范围来划分。表3-8列出了起重机的四种载荷状态级别Q1～Q4以及与其相对应的载荷谱系数范围值。设计中起重机械载荷状态级别的确定与上述确定使用等级的方法相同。若已知设计预期寿命期限内该起重机的各个起升载荷值及其相应起吊次数等参数，则该起重机载荷谱系数的计算公式为

$$K_P=\sum\left[\frac{C_i}{C_T}\left(\frac{P_{Qi}}{P_{Q\max}}\right)^m\right] \tag{3-1}$$

式中　K_P——起重机的载荷谱系数；

P_{Qi}——能表征起重机在设计预期寿命期内工作任务的各个有代表性的起升载荷，N，$P_{Qi}=P_{Q1}$，P_{Q2}，P_{Q3}，…，P_{Qn}；

C_i——与各个有代表性的起升载荷相对应的工作循环数，$C_i=C_1$，C_2，C_3，…，C_n；

C_T——起重机总工作循环数，$C_T=\sum\limits_{i=1}^{n}=C_i=C_1+C_2+C_3+\cdots+C_n$；

$P_{Q\max}$——起重机的额定起升载荷，N；

m——幂指数，为便于级别的划分，约定取 $m=3$。

表 3-8　起重机的载荷状态级别及载荷谱系数（GB/T 3811—2008）

载荷状态级别	载荷谱系数 K_P	说明
Q1	$K_P \leqslant 0.125$	很少吊运额定载荷，经常吊运较轻载荷
Q2	$0.125 < K_P \leqslant 0.250$	较少吊运额定载荷，经常吊运中等载荷
Q3	$0.250 < K_P \leqslant 0.500$	有时吊运额定载荷，较多吊运较重载荷
Q4	$0.500 < K_P \leqslant 1.000$	经常吊运额定载荷

③ 起重机整机的工作级别。综合上述起重机的 10 个使用等级和 4 个载荷状态级别的排列组合，起重机整机的工作级别可按“对角线等寿命”原则划分为 A1～A8 共 8 个级别，见表 3-9。

表 3-9　起重机整机的工作级别（GB/T 3811—2008）

载荷状态级别	载荷谱系数 K_P	起重机使用等级									
		U_0	U_1	U_2	U_3	U_4	U_5	U_6	U_7	U_8	U_9
Q1	$K_P \leqslant 0.125$	A1	A1	A1	A2	A3	A4	A5	A6	A7	A8
Q2	$0.125 < K_P \leqslant 0.250$	A1	A1	A2	A3	A4	A5	A6	A7	A8	A8
Q3	$0.250 < K_P \leqslant 0.500$	A1	A2	A3	A4	A5	A6	A7	A8	A8	A8
Q4	$0.500 < K_P \leqslant 1.000$	A2	A3	A4	A5	A6	A7	A8	A8	A8	A8

（2）机构的分级

① 机构的使用等级。机构的设计预期寿命是指设计预设的，从开始使用时起到预期更换或最终报废时止的总运转时间（不包括停歇时间、实际运转小时数的累计总和）。从机构设计角度看，设计预期的总运转时间可以表示机构工作繁忙程度-使用等级，因此，机构使用等级按机构预期完成的总运转小时数划分成 T0～T9 共 10 个等级，见表 3-10，它仅作为该机构及其零部件的、被视作指导值的计算使用时间，而不能被视为保用期。

表 3-10　机构的使用等级（GB/T 3811—2008）

使用等级	总使用时间	平均每天使用时间 H（参考值）/h	机构运转频繁情况
T_0	$t_T \leqslant 200$	$H \leqslant 0.125$	很少使用
T_1	$200 < t_T \leqslant 400$	$0.125 < H \leqslant 0.25$	
T_2	$400 < t_T \leqslant 800$	$0.25 < H \leqslant 0.5$	
T_3	$800 < t_T \leqslant 1600$	$0.5 < H \leqslant 1.0$	
T_4	$1600 < t_T \leqslant 3200$	$1.0 < H \leqslant 2.0$	不频繁使用
T_5	$3200 < t_T \leqslant 6300$	$2.0 < H \leqslant 4.0$	中等频繁使用
T_6	$6300 < t_T \leqslant 12500$	$4.0 < H \leqslant 8.0$	较频繁使用

续表

使用等级	总使用时间	平均每天使用时间 H(参考值)/h	机构运转频繁情况
T_7	$12500<t_T\leqslant 25000$	$8.0<H\leqslant 16$	频繁使用
T_8	$25000<t_T\leqslant 50000$	$16<H\leqslant 20$	
T_9	$t_T>50000$	$H>20$	

当机构的具体使用年限 Y（通常取为 8a）、年工作天数 D（200～300d，按国内法定假日为 256d）、日工作时数 H（与工作忙闲程度有关）等相关数据为已知时，则总使用时间 t_T 的计算公式为

$$t_T=YDH \tag{3-2}$$

表 3-10 所列数据是根据式（3-2）和参考数据推算而得的上限值，若规定的总使用时间 t_T 为已知，可得机构平均每天使用时间 H（参考值，表 3-10 中第三列），设计者可参考用户提供的具体使用情况选定合适的机构使用等级。

② 机构的载荷状态级别。机构的载荷状态级别表明了其所受载荷的轻重程度（可用机构载荷谱系数 K_m 表征）。ISO 标准根据载荷谱系数 K_m 列出了机构的四种载荷状态级别 L1～L4 以及与其相对应的载荷谱系数范围值（表 3-11），它可以反映这些载荷对机构及其零部件所形成的损伤效应状态，设计中机构载荷状态级别的具体确定方法与整机类似。

表 3-11　机构的载荷状态级别及载荷谱系数（GB/T 3811—2008）

载荷状态级别	载荷谱系数 K_m	说明
L1	$K_m\leqslant 0.125$	机构很少承受最大载荷，一般承受较小载荷
L2	$0.125<K_m\leqslant 0.25$	机构较少承受最大载荷，一般承受中等载荷
L3	$0.250<K_m\leqslant 0.500$	机构有时承受最大载荷，一般承受较大载荷
L4	$0.500<K_m\leqslant 1.000$	机构经常承受最大载荷

当机构的实际载荷谱已经给定时，该机构的实际载荷谱系数可按下式计算：

$$K_m=\sum\left[\frac{t_i}{t_T}\left(\frac{P_i}{P_{max}}\right)^m\right] \tag{3-3}$$

式中　K_m——机构的载荷谱系数；

P_{max}——机构承受的最大载荷，N；

P_i——能表征机构在服务期内工作特征的各个有代表性的、大小不同等级的载荷，N，$P_i=P_1$，P_2，P_3，…，P_n；

t_i——机构承受各大小不同等级载荷的相应持续时间，h，$t_i=t_1$，t_2，t_3，…，t_n；

t_T——机构承受所有大小不同等级载荷的时间总和，h，$t_T=\sum_{i=1}^{n} t_i = t_1 + t_2 + t_3 + \cdots + t_n$。

③ 机构的工作级别。机构的工作级别是把各单个机构分别作为一个独立整体来进行其载荷轻重程度及运转频繁情况的总体评价，它并不表示该机构中所有零部件都一定有与此相同的受载及运转情况。根据机构的10个使用等级和4个载荷状态级别的排列组合，机构的工作级别可划分为M1～M8共8级，见表3-12。

表3-12　机构的工作级别（GB/T 3811—2008）

载荷状态级别	载荷谱系数 K_m	机构的使用等级									
		T_0	T_1	T_2	T_3	T_4	T_5	T_6	T_7	T_8	T_9
L1	$K_m \leqslant 0.125$	M1	M1	M1	M2	M3	M4	M5	M6	M7	M8
L2	$0.125 < K_m \leqslant 0.250$	M1	M1	M2	M3	M4	M5	M6	M7	M8	M8
L3	$0.250 < K_m \leqslant 0.500$	M1	M2	M3	M4	M5	M6	M7	M8	M8	M8
L4	$0.500 < K_m \leqslant 1.000$	M2	M3	M4	M5	M6	M7	M8	M8	M8	M8

机构工作级别的分级为各机构总体设计计算、载荷组合计算、电动机等主要零部件的选用提供了基础性规定。机构工作级别的划分符合“对角线”原则，由于机构的使用等级和载荷状态级别的乘积还可以表征零部件的疲劳损伤率，因此，按工作级别及其“对角线”原则进行机构设计可以大为减少品种规格，为实现机构及其零部件的系列化和标准化创造有利条件，也为进行系统寿命设计提供了重要依据。

第4章 机械结构常见故障及处理

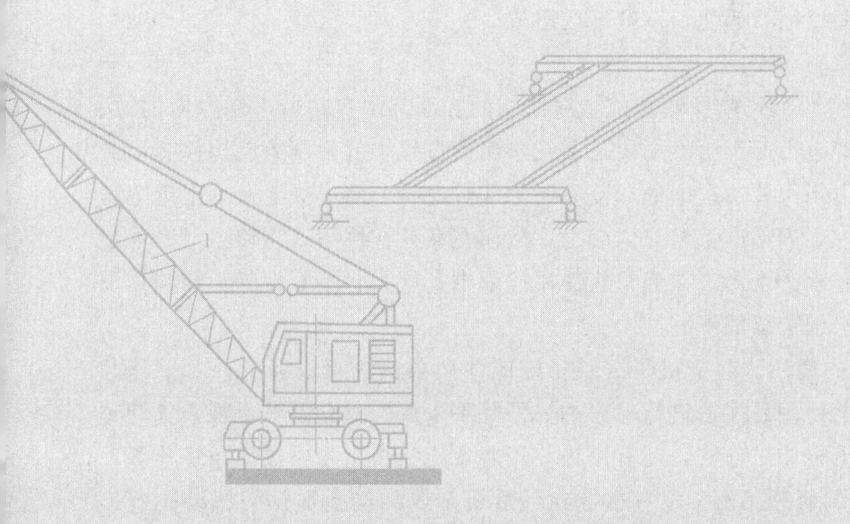

- 钢结构件常见故障及处理
- 起升机构常见故障及处理
- 平移机构常见故障及处理
- 轨道
- 零部件常见故障及处理
- 振动、异常响声

4.1
钢结构件常见故障及处理

4.1.1 主梁拱度下沉

(1) 故障特点

当起重机使用一段时间后，由于各种因素，主梁的上拱度会逐渐减小，称为主梁下沉；当主梁中部下沉至主梁自水平线以下的永久变形，称为主梁下挠。对于一般桥门式起重机，当小车处于跨中，在额定载荷下，当主梁跨中下挠值在水平线下达到跨度的1/700mm时，应进行修复矫正，如果继续使用，就可能使桥架变形继续恶化，以致造成事故。

(2) 故障原因

① 结构内应力的影响。起重机金属结构的各个部位存在着不同方向的拉、压等应力，这些应力的产生，主要是由结构制造过程中的强制组装构件变形造成的。另外，由于焊接过程中的局部不均匀加热，将会造成焊缝及其附近金属的收缩，导致主梁内部产生参与内应力，从而在载荷作用下，将使主梁产生很大的应力而引起永久变形。在起重机使用过程中，应力将不断地趋于均匀化以致消失，从而引起主梁的下沉。

② 不合理的使用。起重机是按照指定的使用条件进行设计的，对于超载及其他不合理的使用是无法进行考虑的，但是不少用户对此不够重视，长期超载或改变了起重机的工作制，还有用户使用起重机拖拉重物、拔地角螺栓等。

③ 不合理的修理。由于没有掌握在起重机金属结构上加热引起结构变形的规律，因而也没有采取防止变形的措施，就在桥架上进行气割或电焊，从而造成主梁的严重变形。此外，在走台上加热会造成主梁内旁弯，在端梁上加热，不仅会使端梁变形，而且会造成主梁变形。所以，在进行修理时，应掌握金属结构的变形规律，根据情况采取防止变形的措施。

④ 工作环境的影响。据调查，热加工车间使用的起重机比冷加工车间使用的起重机的主梁下沉现象更为普遍，下沉的程度也更加严重，这种高温环境多数是辐射热引起的，这是因为高温环境在一定程度上会降低金属材料的屈服强度和产生温度应力。另外，辐射热将使主梁上、下盖板受热不均，下盖板温

度大大超过上盖板温度，下盖板伸长较大，最后导致主梁的变形。所以在受热工况下使用的起重机，主梁下面应设置隔热板，以减少辐射热造成的影响。因此，第一，用户不能用普通无隔热板的起重机在高温环境下作业；第二，如果工况环境温度较高，用户订货时要详细说明，以便设计人员按使用工况进行设计。

⑤ 起重机不合理的运输、存放、起吊和安装。起重机桥架为长大结构件，弹性较大，所以不合理的运输、存放、起吊和安装都能引起桥架结构的变形。

⑥ 制造时的下料和焊接不当。技术条件规定：腹板下料时的形状应与主梁的拱度要求相一致，而将腹板下成直料然后靠烘烤或焊接来使主梁产生上拱度状，这是不对的，它将使主梁很快消失上拱而产生下拱。另外，焊接工艺编排不当也同样会使主梁失去上拱而形成下拱。

（3）主梁下挠对起重机使用性能的影响

① 对小车运行的影响：当主梁下挠后，小车由跨中开至两端时，不仅要克服正常运行的阻力，还要克服爬坡的附加阻力。据粗略计算，当主梁下挠值达到 $S/500$（S 为跨度）时，小车运行附加阻力将增加 40%，所以小车运行电机经常烧坏。另外，小车运行时还难以制动，制动后也有自行滑移的现象，导致不易刹车和影响小车的定位。同时，当大车两主梁下沉或下挠值不一样时，会造成小车朝大梁低的一侧倾移，继而造成小车啃轨。

② 对小车架的影响：两根主梁的下挠程度不同，小车的 4 个车轮不能同时与轨道接触产生小车的“三条腿”现象，这使小车架受力不均。

③ 对大车运行的影响：对于大车单独驱动的起重机没有什么影响，而对于大车采用集中驱动方式的起重机有很大的影响。由于目前这种方式已基本不存在，所以可以不进行分析。

④ 对主梁水平旁弯和腹板的影响：由于主梁的下挠，常常引起主梁向内侧的水平旁弯，对称箱形主梁水平旁弯在技术条件中规定为 $X \leqslant S/2000\text{mm}$。超过这个值且超差过大时，小车车轮就会发生啃轨和夹轨现象，严重时还会引起小车脱轨。主梁发生下挠后，将使腹板上的波浪变形由受拉区转向受压区，最终导致受压区的腹板波浪变形明显增加。如果起重机仍然在不合理的状态下继续工作，主梁受力将继续恶化，严重时可能破坏腹板稳定性或引起主梁下盖板及腹板下部受拉区的部位产生裂纹。

（4）解决方法

桥架变形的修复方法为火焰矫正法，就是对金属的某一部位进行加热，利用金属加热后具有的压缩塑性变形性质，达到矫正金属变形的目的，近几年来已被用在起重机桥架各种变形的矫正方面。它的灵活性很强，可以矫正桥架结构的各种各样的复杂变形，缺点是需要将起重机落到地面上，或立桅杆才能修理，工作周期长。采用火焰矫正法，首先要清楚金属结构受热后的变形规律。这个规律就是金属结构受热后的变形方向，总是从加热面积的几何中心指向金属结构的重心方向。如在主梁下盖板加热，主梁向上弯曲。矫正工作开始之前，应将司机室开到非司机室的一侧，将千斤顶支在主梁的中间部位，使主梁一端的车轮离开轨道面适当的高度，其目的是利用起重机的自身重量使主梁上盖板的加热区受压缩，以增强矫正的效果，然后将加热区的位置、面积大小以及数目确定下来，在实际操作中应注意以下几点。

① 不要在部件的同一部位进行反复多次的加热，以减少由环境加热而引起的金属材料内部残余应力，而且还容易改变金属的金相组织和降低材料的屈服强度，降低材料的力学性能。

② 不允许通过浇水的方式进行冷却，以免造成金属材料变脆。

③ 加热部位不要选择构件的危险截面，如主梁的中间部位。

④ 要随时注意钢材被加热的温度，因为温度决定着钢材性能的变化大小。数据表明：低碳钢加热温度选择700～800℃（暗红色-暗樱桃红色）较为适宜，因为此时钢材的金相组织基本没有发生太大的变化，而且具有一定的塑性变形能力。

⑤ 如果需要更换或维修小车轨道，其压板焊缝尽量不用气割，而是用磨光机打磨掉，否则会使主梁产生下挠。焊接小车轨道压板，能使主梁下沉的范围为3～10mm，小吨位大跨度接近上限，大吨位小跨度接近下限。需要备有大于起重机总质量2/3的千斤顶和桅杆。

⑥ 在厂房上方修理时，需要备有大于起重机总质量2/3的千斤顶和桅杆。

4.1.2 波浪度变形超标

(1) 故障特点

主梁腹板有凹凸不平的现象。

(2) 故障原因

存放、运输或安装不当发生磕碰，是造成波浪度变形超标的主要原因。

(3) 解决方法

① 波浪度凸起：在凸出的部位用圆点加热法配用平锤锤平，圆点加热面积的直径可取60～100mm，板厚或波浪形面积大的应选大值，烤枪嘴的移动轨迹应从波顶处呈螺旋形移动，当加热到700～800℃时，应立即用平锤由四周按圆的顺序敲打，最后敲打中间，即先锤加热区边缘（平锤一半在加热区，

一半在外）使之往中间挤，然后锤中间。当接近锤平时便不能再锤，因为冷却后要收缩，收缩后可以完全平直，烤完第一火经过自然冷却后再选最凸出处烤第二火，一般每个凸起的波浪经烤 2～3 火可以完全矫平。

② 波浪度凹陷：如图 4-1 所示，可事先制作一个拉具，焊在凹处旁边，采用加热法，将凹处加热到 300℃左右，加热面积稍小于凹陷区，拉到平直时应立即停止加热。

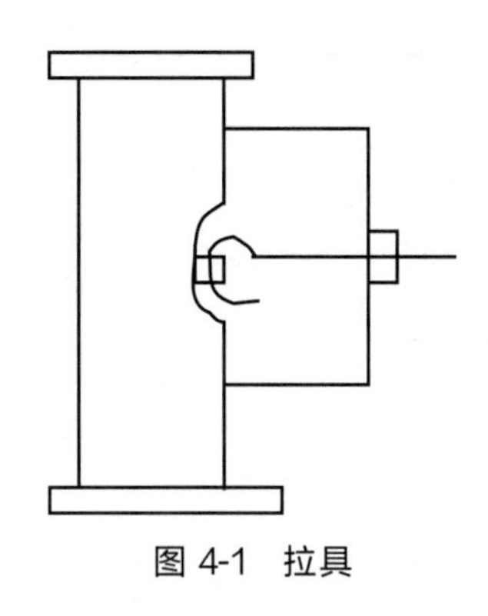

图 4-1　拉具

4.1.3　桥门式起重机金属结构部分故障原因及解决方法

桥门式起重机金属结构部分故障原因及解决方法见表 4-1。

表 4-1　桥门式起重机金属结构部分故障原因及解决方法

故障名称	故障原因	解决方法
主梁腹板或盖板发生疲劳裂纹	长期超载使用	裂纹不大于 0.1mm 的，可用砂轮将其磨平，对于较大的裂纹，可在裂纹两端钻大于 ϕ8mm 的小孔，然后沿裂纹两侧开 60°的坡口，进行补焊。重要受力构件部位应用加强板补焊，以保证其强度
主梁各拼接焊缝或桁架节点焊缝脱焊	原焊接质量差，有焊接缺陷 长期超载使用 焊接工艺不当，产生过大的焊接残余应力	用优质焊条补焊 严禁超载使用 采用合理的焊接工艺
主梁腹板有波浪形变形超标	焊接工艺不当，产生了焊接内应力 超负荷使用，使腹板局部失稳 运输和存放不当	采取火焰矫正，消除变形，锤击消去内应力 严禁超负荷使用 故障原因及解决方法详见“4.1.2 波浪度变形超标”
主梁旁弯变形	制造时焊接工艺不当，焊接内应力与工作应力叠加所致 运输和存放不当	用火焰矫正法，在主梁的凸起侧加热，并适当配用顶具和拉具

续表

故障名称	故障原因	解决方法
主梁下沉变形	主梁结构应力 腹板波浪形变形 超载使用 热效应的影响 存放、运输不当及其他	采用火焰矫正法矫正，并沿主梁下盖板用槽钢加固 采用预应力法矫正，采用预应力拉杆加固 故障原因及解决方法详见“4.1.1 主梁拱度下沉”

4.2 起升机构常见故障及处理

4.2.1 卷筒窜动

（1）故障特点

卷筒窜动是针对C形齿的卷筒连接方式而言的，上升时朝卷筒支座端轴向窜动，下降时朝减速机侧窜动，窜动量通常为5mm以上，严重情况时卷筒窜动量达到10～25mm，有时造成卷筒支座的限位器损坏，导致吊钩冲顶，更严重时，会造成卷筒从减速器一端脱落。

（2）故障原因

① 卷筒不水平，且支座端高，造成卷筒与减速器的C形齿的齿面不能很好地结合，造成卷筒轴向受力，导致卷筒窜动。

② 卷筒水平，而减速器不水平，且输出轴的一面下倾，同样造成齿面结合不好，导致卷筒窜动。

③ 卷筒支座的轴承室间隙量较大，卷筒随轴承在轴承室内游动，造成卷筒窜动。

④ 由于设计制作不当，卷筒支座处受力点内的筋板过少，强度不够，造成小车上盖板承受能力差，所以吊载时卷筒随支座的一端上下波动，导致卷筒发生窜动，此故障在重载上升时，卷筒支座处的小车上盖板下凹，在下降时，上盖板又逐渐回弹恢复。

（3）解决方法

用水平尺检测卷筒和减速器的水平度，将减速器或卷筒调整至水平位置，如果卷筒支座端高，可将支座割掉，修理支座的高度，重新安装即可；如果减速器朝内侧倾斜，可在减速器低处垫上垫片，调整至水平即可；若轴承室间隙大，可在轴承室和通盖之间加上调整垫；若筋板强度不够，需将支座处的上盖板割开，加固筋板恢复即可。

（4）预防措施

起重机设计制作时，应保证减速器和卷筒的装配质量和筋板的强度。

4.2.2　负载时吊钩的钩头倾斜不垂直

（1）故障特点

空载时吊钩竖直，负载时吊钩的钩头与滑轮组不在一条竖直线上，看上去滑轮组有所倾斜，且吊载后钩头转不动。

（2）故障原因

钩铃孔的中心不在钩铃的轴线上，孔的中心打偏，或是钩头挂钢丝绳的最低点的位置与钩头上方轴的中心线不在一条竖直线上，导致吊钩负载后，钩头与滑轮不在一条竖直线上，滑轮组倾斜，所以钩头的轴承都不在水平位置上，最终导致负载后钩头转不动。

（3）解决方法

检查测量钩头和钩铃以上的尺寸，确定两者是否在一条线上，并加以更换钩头或钩铃。

（4）预防措施

对吊钩的制作和检验严格控制。

4.2.3　吊钩不正，在水平方向上扭斜有偏转

（1）故障特点

吊钩越接近地面，扭斜偏转越严重，越向上起升，吊钩扭斜偏转程度越轻。

（2）故障原因

此类问题，往往是在安装时，钢丝绳的绳力劲未释放或未完全释放造成的，严重时，若吊钩摆动幅度较大，会造成吊钩上方的钢丝绳完全扭抱在一起。

（3）解决方法

拆卸钢丝绳，重新将钢丝绳的绳力劲释放。

（4）预防措施

安装钢丝绳前，应将成盘的钢丝绳用支座支承起来水平放置，依靠成盘的钢丝绳沿其轴线转动放绳即可。

4.2.4 吊钩冲顶

（1）故障特点

吊钩组轮片破裂、外罩变形，严重时钢丝绳拉断。

（2）故障原因

通常讲，吊钩冲顶主要是由操作不当造成的。例如：操作工经常到限位时不减速、靠限位停车；歪拉斜吊导致限位损坏失灵；天车工缺乏日常检验和维护；接触器粘连脱不开；卷筒窜动导致限位不起作用，造成吊钩冲顶，严重时导致滑轮顶破，甚至钢丝绳拉断。

（3）解决方法

查找分析原因，更换损坏的部件，并将问题彻底解决。

（4）预防措施

严格按照起重机操作规程操作，做好日常检验和维护工作，天车工每天开车前要检查限位是否正常，若限位有问题，应及时更换。

4.2.5 钢丝绳断裂

（1）故障原因

一般来讲，起重机各机构部件的安全系数中，钢丝绳的安全系数最高，所以，在正常、正规作业下，钢丝绳是不会发生断裂情况的。钢丝绳发生断裂现象有如下几种原因：

① 因操作不当，造成吊钩冲顶，导致钢丝绳断裂。

② 因操作不当，导致钢丝绳从卷筒上脱槽后缠绕到卷筒支座或减速器低速轴上，造成钢丝绳断裂；因歪拉斜吊，钢丝绳从滑轮槽脱出，造成钢丝绳磨损拉断。

③ 因操作不当，卷筒上的钢丝绳放完后，卷筒仍在朝下降方向转动，导致钢丝绳变形，有的形成死弯，严重时导致断裂。

④ 翻转大件物体到最高点时，因操作不当，大件物体突发倾翻造成失控，其瞬间的强大冲击力将钢丝绳坠断。

⑤ 频繁严重超载作业，钢丝绳疲劳使用，导致钢丝绳断裂。

⑥ 钢丝绳有严重的死弯，导致钢丝绳断裂，其现象是断裂的绳头基本是整齐的。

（2）解决方法

钢丝绳断裂后，应及时更换修复。

（3）改进措施

强化起重工的安全操作意识，建立安全作业机制，定期或不定期地检查、考核、教育、培训等。

4.2.6 刹车失灵或下滑量大

（1）故障特征

吊钩停车时下滑距离过大或刹不住车。

（2）故障原因

① 刹车表面有油污或雨水。

② 制动器刹车片磨损严重。

③ 制动器刹车未调紧或调试不到位。

④ 制动器设计选型小，制动力矩不足。

⑤ 电气问题造成刹车失灵，例如，控制制动器的接触器发生粘连或卡塞，或者变频器参数设置不当及随意更改变频参数造成的力矩不够，或者采用直流励磁方式控制升降，因故障而突发刹车失灵等。

⑥ 液压油比较黏稠，开启和闭合时都比较缓慢，造成停车时下滑量过大。

⑦ 过载使用。

（3）解决方法

调整制动力矩，检查电气线路，调整、调试变频器参数，更换刹车片等，如果液压油黏稠，建议更换为变压器油。

（4）改进措施

对安全程度要求较高的场所使用的起重机，可采取如下措施。

① 增加安全制动器：对安全要求较高的场合及冶金起重机等，一般需在订货协议中提出。

② 采用双制动器：对于安全要求较高的场合及冶金起重机等，一般需在订货协议中提出。

③ 增加超速开关：针对故障原因⑤而采取的改进措施，一般需在订货协议中提出。

4.3
平移机构常见故障及处理

4. 3. 1 运行不同步

运行不同步的故障特点：启动或运行时大车扭动或摆动前行，或大车运行时车轮有爬轨的迹象。

现象 1：启动时大车不同步，而运行时同步。

故障原因：此现象是由电气存在故障而引起的，如电阻器内部断丝、电阻接线松动、控制器的控制点损坏等。

处理措施如下：

① 电阻器断丝后，如果断丝程度较轻，可焊接在一起；如果不能很好地焊接在一起，应更换电阻器。如果电阻器选型没有问题，电阻丝是不会轻易断的，所以在处理完毕后，应进行全面检查，例如，电阻器线路是否接错，操作上是否经常靠打反车制动而加大发热量，现场的使用工况是否大大超过起重机的工作制等。

② 电阻线松动应紧固，并对其他的线路接线进行全面的检查紧固。

③ 控制器的控制点损坏，应及时更换。

现象 2：启动和运行时大车一直不同步。

故障原因：此现象可能是由电气故障引起的，例如，电动机定子和转子电缆线断芯、缺相、螺栓松动，电动机损坏；可能是由机械故障造成的，例如，一端驱动机构的轴承损坏阻力加大，或者一端的联轴器内外齿因缺油而磨损严重，造成无法驱动、减速器速比不一样，或两电动机大小不一样而铭牌错打成一样，对于三合一减速器，电动机与减速器间的连接齿轮齿数不一样等。

解决方法如下：

① 要了解此车是刚安装的还是使用了一段时间的，如果是使用了一段时间的车，要了解此故障是什么时间发生的。

② 如果是刚安装的车，很多情况是由电路接线错误造成的，首先应先检查电阻器线路，如果电气线路均没有问题，要检查机械方面，先测量两电动机的定子、转子电流，如果误差明显，则可判断电动机有质量问题，或不是同一

型号的电动机而铭牌贴成一样的。如果电动机没有问题，然后检查减速器速比是否一样。之后，对于三合一的减速器，要检查电动机与减速器之间的连接齿轮的齿数是否一样。

③ 如果是使用了一段时间的车而以前没有发生过此故障，那么检查驱动机构的声音是否正常，轴承是否损坏，联轴器内外齿是否磨损完。电气方面应检查电动机定子、转子电缆线是否断芯、缺相、接线松动，并做相应处理。

改进措施：对于产品本身的质量问题，公司应加大质检管理力度，对于安装及使用过程中的问题，建议聘用具备相应资质的安装队伍进行处理；对于使用过程中产生的问题，建议使用单位加强日常使用维护保养的工作。

4.3.2　大、小车啃轨

（1）故障特点

所谓啃轨，就是桥门式起重机在运行过程中，车轮轮缘与承载轨道的侧边产生挤压和摩擦。啃轨加大了运行阻力，严重的可能损坏运行机构零部件，甚至使起重机金属结构或桥架变形扭曲，更严重的还会使起重机脱轨，并引发设备和人身事故。可以根据下列迹象来判断。

① 轨道侧面有一条明亮的痕迹，严重时，痕迹上带有毛刺和深沟状的磨痕。

② 车轮轮缘内侧有亮斑并有毛刺。

③ 轨道顶面有亮斑，轨迹顶侧边有磨痕。

④ 起重机运行时，在短距离轮缘与轨道间隙有明显的改变。

⑤ 起重机在运行时，特别在启动、制动时，车体走偏、扭摆，有时有较大不正常响声。

（2）故障原因

1）由于车轮加工或安装偏差所引起的啃轨。

① 车轮直径不等（主要是主动轮），就会使左右两边的运行速度不等，车体就会走斜，最终造成往返均为车轮一侧啃轨。

② 车轮的水平偏斜。车轮的中心线与轨道的中心线在水平方向上形成一个夹角，其特点是：起重机向前运行时，车轮啃轨道的一侧，返回时同一车轮又啃轨道的另一侧，啃轨位置不固定。图 4-2 为车轮安装的几种组合形式。

在 4 个车轮中，如果只有一个车轮水平偏斜，或在上述组合中，4 个车轮偏斜的程度不一样，都会造成啃轨；如果是主动轮发生偏斜，啃轨现象更为严重；在图 4-2（d）～(f）中，如果 4 个车轮的偏斜程度大致相等，是不大会产

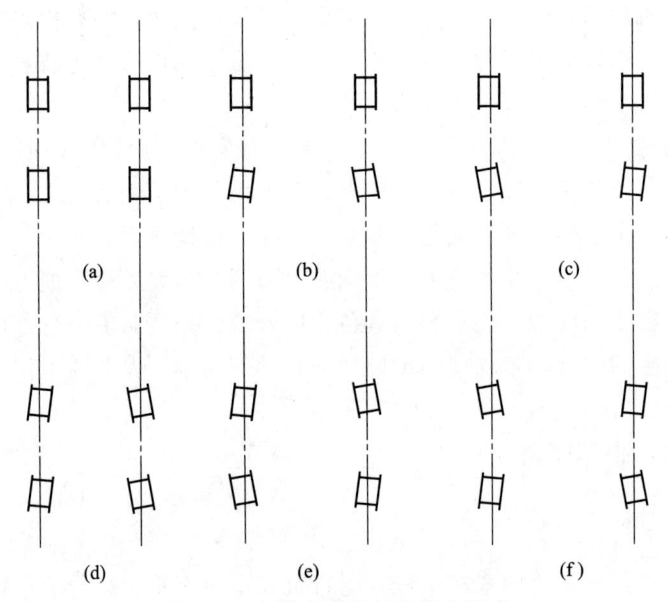

图 4-2　车轮安装的几种组合形式

生啃轨现象的。

③ 车轮的垂直倾斜。车轮中心面对轨道顶面应为垂直状态，这样车轮的滚动无侧向力产生，就不会产生啃轨。

如果车轮不垂直于轨道顶面，如图 4-3 所示，则垂直偏斜的车轮踏面与轨道顶面接触不均匀，其接触面可视为一个三角形面，三角形底边 c 的轮压最大，三角形顶点打滑，车轮滚动时，按三角形 a 边或 b 边滚动跑偏。当车轮向前滚动时，其运动轨迹是沿轨道面垂直于 a 线方向运行，即车轮有一个向右边

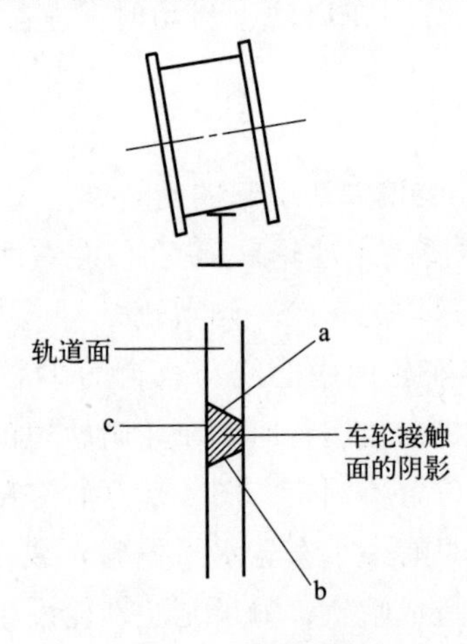

图 4-3　车轮垂直啃轨

移动的作用力；当车轮向后滚动时，车轮仍然有一个向右移动的作用力。因此，车轮的垂直偏斜也是引起啃轨的重要原因。综合上述分析，可以归纳为两句话：轮右倾趋左，轮左倾趋右。车轮垂直倾斜引起啃轨的特点是：车体前进和后退都是轮的一侧发生啃轨。

④ 起重机在工作中由于不合理使用，如长期超载作业、大车相互碰撞等，造成结构变形，形成 4 个车轮跨距、车轮垂直度、对角线超差较大，就会产生啃轨现象。

2）由于轨道安装偏差过大所引起的啃轨。轨道安装见 4.4 节。

① 两条轨道相对标高偏差过大，使起重机在运行过程中容易产生横向移动，这样轨道高的一侧，车轮轮缘与轨道外侧相挤压，轨道低的一侧，车轮轮缘与轨道内侧相挤压，造成啃内侧。当大车在某一段轨道时，车体突然倾斜，造成车轮啃轨，通过该段轨道后，车体就能自动走正，这种现象也是因为两条轨道相对标高相差太大。当起重机运行在某些固定点启动时，车轮发生打滑，引起啃轨，是由于固定点处的轨道下沉，或者有油污等。

② 两条轨道跨距偏差过大，使起重机在运行过程中发生车轮轮缘同时与轨道内侧或外侧挤压的现象，造成啃轨。

③ 相邻的轨道顶面（踏面）不在同一平面内。如果两轨道顶面倾斜方向相反，当起重机运行到钢轨接头处，车体产生横向移动啃轨，同时发出金属撞击声。对于方钢，当轨道顶面倾斜时也会产生啃轨现象。

④ 在轨道竖直中心线不垂直的情况下，车轮的滚动面与钢轨的踏面接触面积小，而单位面积的压力（压比）就会增大，车轮滚动后磨损不均匀，严重的还会在车轮的踏面上形成环状沟。其特点是：车轮轮缘总是啃轨道的一侧，运行中常常听到“嘶嘶”的声音，严重时车轮踏面上形成环状沟。

⑤ 轨道直线度相差太大，造成车体啃轨。

⑥ 轨道质量不合格，轨道顶面不是水平的，而是有一定的斜度，造成车体啃轨，常见于采用旧轨道。

⑦ 轨道踏面上有油、水和冰霜等，都有可能使车轮打滑、车体走斜而产生啃轨。

3）由于传动系统的偏差引起啃轨。这种啃轨的特征是起重机启动时车体扭曲。

① 齿轮间隙不等，键松动而造成的啃轨。如果两套分别驱动的传动机构中一套齿轮间隙较小，另一套齿轮间隙较大，或某传动机构的轴键松动，使车轮在运行过程中产生速度差，引起车体走斜，从而引起啃轨，不过这种啃轨常发生在启动阶段。

② 两套驱动机构的制动器调整的松紧度不同，引起车体走斜而啃轨。在启动或制动时，由于一侧制动器松，一侧制动器紧，也会引起车体走斜而发生啃轨现象。

③ 一侧的传动机构中有卡阻现象，使两边的速度不一致，造成啃轨，这种现象的特点是启动和停止时车轮发生摆动。

④ 电动机转速差过大、电动机转子线路断相、电阻线接错，以及减速器的速比不一样时，造成两边的运行速度不一样，导致大车啃轨，车体发生走斜。

4）由于车架偏斜、刚度不足、车架变形或因制造工艺不良产生的变形引起的啃轨。

① 金属结构变形使大车车轮产生的对角线偏差、跨距偏差、直线偏差等也会引起起重机在运行的过程中啃轨。

② 由于载荷的不对称，载荷长期偏向桥架一端时，使两端运行阻力不同，引起跑偏，产生啃轨。

5）对于锥形踏面的车轮，为了达到运行时自行调整两端车轮的相互超前或滞后，往往将主动车轮的踏面制成 1∶10 锥度，正确的装配是车轮的小端朝外，大端朝内。如果将锥形踏面车轮的方向装反，不但不能达到自行调整的目的，反而会引起更严重的啃轨。下面两种错误的装配，会引起不同情况的啃轨故障。

① 两个锥形踏面车轮反向装配，即圆锥的小端装在内侧，大端装在外侧，啃轨规律是始终靠一侧。

② 两个锥形踏面车轮顺向装配，即锥度小端朝一侧方向安装，啃轨规律一般是啃大端轮缘。

6）由于门机的特点，门式起重机基本都是在现场组装连接的，即支腿与主梁及支腿与地梁的法兰连接、法兰焊接是在现场安装时进行的，通常除上述原因外，还有安装因素。例如，在安装门机时轨道基础高低不平；安装支腿、地梁时，四个支腿的垂直、跨度及对角线的误差较大，没有进行调整就直接将支腿的法兰进行焊接，则会造成啃轨。

综上所述，不同的起重机，啃轨的原因不尽相同。啃轨的原因是很复杂的，有的是其中一条引起的，有的可能是上述几条原因共同作用的结果，要区别对待，根据啃轨现象，具体问题具体分析。

（3）解决方法

① 检查并保证车轮踏面直径和宽度符合标准。主动车轮的直径一定要一致，避免一侧主动轮是新的，另一侧是旧的；踏面已经磨损的，踏面宽度即两

边轮缘之间的宽度应合适，太小或太大都可能引起啃轨。例如，一龙门吊小车啃轨，原来4个车轮采用双轮缘，距离较小，容易啃轨，后来换上单轮缘车轮后，啃轨现象消失。

② 调整车轮安装精度，保证所有车轮的水平偏斜和垂直偏斜符合国家标准要求。有的车轮固定处的结构或平衡平台有缺陷，应进行相应的处理或更换。尤其是车轮的水平偏斜指标对啃轨最为敏感，应予以确保。现简要介绍车轮水平偏斜和垂直倾斜的处理方法。

a. 车轮水平偏斜。用一根渔线贴近前后车轮侧面，找出其中偏斜相对比较大的车轮进行调整，如果车轮向外侧偏斜很严重，则用千斤顶顶起车体此处的车轮，松开螺栓，在内侧的角箱与竖直的键板处加调整垫，一般调整垫的厚度以1～2mm为宜，啃轨严重的，调整垫可适当加厚。如果车轮向内侧偏斜严重，则在外侧的角箱与竖直的键板处加调整垫。然后将角箱的螺栓上紧到70％左右的程度，将千斤顶移去，车轮就落在轨道面上，最后将角箱上的螺栓完全上紧即可试车。如果仍不能完全调整过来或调整过度，则再次加厚或减薄调整垫的厚度进行反复调整，直至调整到合适时为止。

b. 车轮垂直倾斜。用渔线分别测量车轮的垂直度，如果车轮朝内侧倾斜，则用千斤顶顶起车体此处的车轮，松开螺栓，在外侧的角箱与水平的键板处加调整垫，一般调整垫的厚度以1～2mm为宜。如果车轮向外侧倾斜，则在内侧的角箱与水平的键板处加调整垫。然后将角箱的螺栓上紧到70％左右的程度，将千斤顶移去，车轮就落在轨道面上，最后将角箱上的螺栓完全上紧即可试车。如果仍不能完全调整过来或调整过度，则再次加厚或减薄调整垫的厚度进行反复调整，直至调整到合适时为止。

③ 检查并调整轨道的安装精度，保证轨道的高度差、跨距差和直线度符合标准要求。固定轨道的螺栓不能松动。加强轨道基础维护，避免出现不受载时轨道是平的，受载后轨道就凹下去或拱起来的现象。

④ 调整分别驱动的传动机构，不应存在扭劲现象。两边制动器制动力矩调整应合适，重载一边的制动力矩可调大一些；检查调整齿轮间隙及驱动电动机转速，使其保持一致。

⑤ 避免不合理的使用，加强天车操作人员操作技能的培训，如禁止天车相互之间的碰撞、超载作业等。

（4）改进措施

① 采用高轮缘、大圆弧车轮。制作特制车轮，将轮缘高度增加一倍，将轮缘与轮踏面间的过渡圆弧半径增加。这样做有两个好处。一个是轮缘与轨道侧面接触的面积增加，在侧向力一定的情况下减小了挤压应力，增加了磨损时

间。如果过去4个月轮缘即磨损到极限，改进后可能6～8个月才能使轮缘磨损，这样也可使轨道磨出缺口的时间延长，最终使轨道的使用周期延长。另一个好处是内轮缘与踏面的过渡圆弧半径增加后，过渡圆弧部分可以和轨道顶面接触，相当于起到锥形踏面的作用。当一边运行滞后时，往往踏面靠内部分与轨顶接触，如果是主动轮，由于接触点直径增大，可使线速度加大，有利于赶上去。大圆弧补偿滞后的原理对从动轮不起作用，但有另外一种好处，即当车轮的大圆弧部分与轨顶接触时，意味着车轮已经走偏了，此时圆弧部分与轨顶接触力处于圆弧的法线方向，轨顶给车轮的反作用力与垂直方向有一个倾角，可以分解为一个垂直向上的力和一个水平指向轨道中心的力，可平衡部分侧向力。直观上看，车轮上有一个下滑力，使车轮向下、向内滑动，补偿倾斜程度。在一台啃轨的起重机上将主动轮换为高轮缘大圆弧车轮，使用寿命将提高一倍以上。

② 对于啃轨比较严重、顽固的情况，可将主动轮踏面改成锥形踏面，大端朝内。这样做需要实践经验，弄不好会适得其反。

③ 增加桥架的水平刚性。

④ 采用无轮缘车轮加水平轮方案。

⑤ 采用液力偶合器代替硬性的联轴器平衡两侧不均匀的传动受力及冲击或采用变频技术调速。

在实际应用中，这些对策可以综合应用，首先要分析出啃轨的原因，以便对症下药。无论什么情况，车轮的制造安装精度、轨道的安装精度应予以优先保证。

4.3.3 小车“三条腿”

（1）故障特点

车轮在局部或全程轨道上有一个轮悬空，会造成小车启动时在轨道上扭摆、打滑或停车时扭摆，容易导致小车传动轴扭断、促使车轮啃轨、轮缘磨损、小车脱轨等现象发生。

（2）故障原因

① 小车在制作装配时，小车轮不在一个平面上，会造成小车全程“三条腿”。

② 4个车轮中有1个车轮直径过小。

③ 小车因故发生了变形：如运输时受到碰撞、开车到限位时不减速、经常靠止挡撞击停车。

④ 运输、吊装、长期超载作业或使用环境恶劣（如车间有大量热源而主

梁底部未加隔热板，导致两主梁受热变形不均，造成大车主梁变形），导致两条轨道局部的同位差较大，主梁或轨道曲线不一致，会造成小车局部“三条腿”；小车“三条腿”会导致启动时扭晃。

（3）处理措施

① 小车全程“三条腿”时，如果主动轮悬空高度为 h，可调整该轮对角的从动轮，在从动轮处用千斤顶顶起，将该轮内外侧角箱与水平角箱处加 h 厚度的调整垫；如果是从动轮悬空，直接使用千斤顶在该从动轮处顶起，在该轮内外侧角箱与水平角箱处加调整垫即可；如果车轮悬空较大，应在键板与弯板之间增加钢板，并将键板、钢板与弯板点焊在一起。

② 小车局部“三条腿”时，应调整小车局部轨道的高度，可在轨道低处垫调整垫。需要注意的是，尽量使用磨光机把轨道压板磨掉，避免或减少用气割割掉压板而使主梁受热变形而引起主梁拱度降低的现象。

③ 若直径小，如果是主动轮，则更换车轮。如果是被动轮，则在角形轴承箱的水平槽中加垫片即可。

4.3.4　启动时车身扭摆

（1）故障原因

① 车体“三条腿”。

② 电动机功率过大，或采取直接方式启动。

③ 轨道上有油污、雨水、冰霜等。

④ 对于分别驱动的运行机构，其不同步造成车身扭摆，如线路接错、电动机缺相、电动机损坏、减速器速比不一样等。

（2）解决方法

① 车体“三条腿”，可参照小车“三条腿”的方案进行处理。

② 降低电动机的功率，改善电动机的启动方式。

③ 清除轨道上的油污等。

④ 检查电气线路、电动机和减速器是否正常。

4.3.5　打滑

（1）故障特点

起重机打滑是指车轮在轨道上又滚又滑或在原地产生空转的现象。起重机打滑一般发生在启动或制动时。

（2）故障原因

① 电动机功率选型过大，驱动力大于车轮与轨道间的静摩擦力。

② 驱动车轮的轮压过小。如设计不当，载荷在驱动车轮上的轮压分配很小，造成驱动力大于车轮与轨道间的静摩擦力，导致打滑。

③ 制动器制动力矩过大，制动时间少于 3s，会造成起重机制动时打滑。

④ 电阻线路接错。如电动机转子滑环断路、电阻线接错、转子电缆内部断路等。

⑤ 轨道因有雾珠、雨水、霜雪、油污等，导致摩擦力小，造成起重机启动时打滑。

（3）解决方法

消除起重机打滑现象，首先必须分析产生打滑的原因，根据不同原因采取相应的解决措施。

① 正确选择起重机匹配的电动机，不宜过大。

② 正确计算起重机载荷能力和轮压承载能力，保证车轮对轨面有足够的压力。

③ 正确调整制动力矩。

④ 检查电阻线路。

⑤ 清除轨道面上的油污、雾珠、雨水、霜雪等。

4.4 轨道

4.4.1 轨道铺设的技术要求

轨道铺设的技术要求见表 4-2。

表 4-2 轨道铺设的技术要求

检查项目	技术要求
轨道的实际中心线对吊车梁的实际中心线的位置偏差	≤10mm 且≤吊车梁腹板厚度的一半
轨道的实际中心线对安装基准线的水平位置偏差	≤5mm

续表

检查项目	技术要求
起重机轨道的允许偏差：当跨度 $S \leqslant 10$mm 时的跨度偏差 当跨度 $S > 10$mm 时的跨度偏差	±3mm ±[3+0.25(S−10)]但最大不超过 15mm
轨道顶面对其设计位置的纵向倾斜度	1/1000
轨道顶面基准点的标高对于设计标高的允许偏差	±10mm
同一截面内两平行轨道的标高相对差	≤10mm
两平行轨道的接头位置错开量	>车轮的基距
轨道接头高低差及侧向错位	≤1mm
轨道接头的间隙	≤2mm
方钢和工字钢轨道的横向倾斜度	≤轨道的 1/100
各压紧螺栓无松动，同一跨端两条轨道上的车挡与起重机缓冲器均应接触	

4.4.2　轨道铺设前混凝土的安装要求

① 轨道梁制作时，必须保证沿梁横向及纵向的预留螺栓孔位置偏差≤5mm，螺栓孔直径应比螺栓直径大 2～4mm，梁顶面要求平整，但不得抹压光滑。

② 轨道梁的安装偏差必须满足下列要求，否则应调整好梁后才允许用混凝土找平。

a. 梁中性线位置对设计定位轴线的偏差≤5mm；

b. 梁顶面标高对设计标高的偏差为−5～10mm；

c. 梁上预留螺栓孔及预留螺栓对量中性线的位移偏差≤5mm。

③ 混凝土找平垫层的施工要求：

a. 必须在吊车轨道梁上每隔 2.2～3m 设置一个控制混凝土找平层顶面标高的基准点。

b. 用仪器测量，调整好基准点顶面标高，定出找平层顶面标高基准线，然后安装侧模板，清除吊车轨道梁顶面和螺栓孔内的杂物，并将螺栓孔上口堵住，洒水润湿后即可浇捣混凝土。

c. 找平层顶面无须找平压光，不得有石子外露和凹凸不平的现象，不允许采用在表面另铺水泥砂浆的方法抹平。

d. 施工中必须随时用仪器测量检查，严格保证找平层顶面满足以下要求：

ⓐ 螺栓处 400mm 宽范围内顶面不平度≤2mm；

ⓑ 任意 6m 长度中各螺栓处的顶面标高差≤±3mm；

ⓒ 沿车间全长各螺栓处顶面标高差为±5mm。

e. 混凝土采用机械搅拌，施工时应加强养护，当混凝土试块达到70%设计强度时，即可进行轨道安装工作，对于没有弹性垫板的轨道，宜在轨道安装调整后再施工混凝土垫层。

4.4.3 螺栓连接质量要求

① 所有螺栓连接部位都应有防松装置，如双螺母、弹簧垫圈、止退垫片盒、开口销等，以免因工作时的振动使连接处发生松动。

② 双螺母防松，薄螺母应安装在下面。

③ 不准使用过长的螺栓，也不允许螺母下方垫多层垫圈来调整螺栓长度，露在螺母上面的螺纹应少于2颗。

④ 用1个螺栓连接时，可一次拧紧，用一组螺栓连接时，应按顺序交叉拧紧，并且应分多次进行。高强度螺栓连接时必须按规定操作。

⑤ 连接用的螺栓数目必须符合原设计数目的要求。

4.5 零部件常见故障及处理

4.5.1 轴承

由于使用条件和工作环境的不同，滚动轴承会发生磨损、压痕、点蚀、表面剥落、破损、胶合、烧损、电蚀、锈蚀及变色等多种异常现象，造成上述异常现象的主要原因如下所述。

(1) 故障原因

① 落入异物造成的损伤：这是滚动轴承最常见的损伤形式。当砂砾和氧化皮等异物落入轴承内部时，会造成磨损和压痕。

② 润滑不良造成的损伤：当润滑剂不足或润滑方式与使用条件不相适应时，滚动轴承会在很短的时间内损伤。特别是当其处在高温、高速、重载及瞬时冲击载荷等条件下时，轴承往往会产生点蚀、胶合、烧损等损伤。

③ 内外环倾斜造成的损伤：各种不能调心的轴承（圆锥滚子轴承、圆柱

滚子轴承、深槽球轴承等)，由于轴承转轴的加工和装配误差，或者当轴的挠度较大时，轴承往往会在短时间内产生表面剥落，或在滚动轴承的滚道和滚子的断面发生胶合，而在高速旋转时会出现烧损。

④ 保持架受载引起的损伤：当机械的振动或所受的冲击作用较严重时，如在高速下突然增减速度和反复换向运转，保持架往往会损坏。

⑤ 异常推力载荷引起的损伤：在长轴的轴承组合设计中，通常是一端固定而另一端自由设置，以补偿轴的热伸长变形。如果对自由端的轴向间隙考虑不周，则会产生异常推力载荷，引起表面剥落、胶合、烧损等损伤，成为导致事故的根源。

⑥ 装配不良造成的损伤：热装内环时，如果加温过高或内环的过盈量不足，就会因内环和轴相对滑动而发生擦伤甚至胶合。但如果过盈量太大，则又会使内环开裂。

⑦ 微小振动的影响：如果滚动轴承受到微小振动，则会在滚道面与滚动体的接触部分产生滑动，发生磨损现象。

⑧ 电蚀：如果在滚动轴承的滚道面与滚动体之间存在漏电，则会出现电火花，从而使滚道面与滚动体的表面局部熔化或退火，严重时会出现凹坑或凸起点。

(2) 解决方法

轴承损坏后应立即更换，避免造成其他零部件的损坏。

(3) 预防措施

对于轴承，使用过程中主要靠维护保养来保证其正常工作。为提高使用寿命，一般3～6月润滑一次，采用锂基润滑脂。起重机润滑情况见表4-3。

表4-3 起重机润滑情况

<table>
<tr><th>零件名称</th><th>润滑期限</th><th>润滑条件</th><th>润滑材质</th></tr>
<tr><td>钢丝绳</td><td>1～2月</td><td>把润滑脂加热到80～100℃浸涂至饱和为宜</td><td>1. 钢丝绳麻心油(Q/SY1152-62)
2. 合成石墨钙基润滑脂(SYB1405-65)或其他钢丝绳润滑脂</td></tr>
<tr><td>减速器</td><td>使用初期每季度更换一次,以后每半年至一年更换一次</td><td>夏季
冬季(不低于－20℃)</td><td>用HL30齿轮油(SYB1103-62)
用HL20齿轮油(SYB1103-62)</td></tr>
<tr><td>齿轮联轴器</td><td>每月一次</td><td rowspan="4">1. 工作温度在－20～－50℃
2. 高于50℃
3. 低于－20℃</td><td rowspan="4">1. 采用任何元素为基体的润滑脂，但不能混合使用。冬季1、2号，夏季3、4号
2. 工业润滑脂(Q/SY1110-65)冬季1号,夏季2号
3. 采用1、2号特种润滑脂(Q/SY11119-70)</td></tr>
<tr><td>滚动轴承</td><td>3～6月</td></tr>
<tr><td>滑动轴承</td><td>酌情</td></tr>
<tr><td>卷筒内齿盘</td><td>大修时加油</td></tr>
</table>

续表

零件名称	润滑期限	润滑条件	润滑材质
电动机	年修或大修	1. 一般电动机 2. H级绝缘和湿热地带使用的电动机	1. 铝基润滑脂(Q/SY11105-66) 2. 3号锂基润滑脂

4.5.2 车轮组

起重机的车轮是最易磨损的零件之一，在工作中，车轮的损坏形式常见的有踏面剥落、压陷、早期磨损以及轮缘的磨损和塑性变形等。造成车轮损坏的主要原因如下。

（1）故障原因

① 轮缘的磨损和塑性变形。由于车轮或轨道安装质量不佳等原因，造成车轮啃轨，使轮缘逐渐磨损并产生塑性变形。

② 不淬火的车轮踏面。由于硬度低，工作时有局部塑性变形，从而出现鳞片状磨屑，造成早期磨损。

③ 制动力矩过大。制动时车轮在轨道上打滑，形成了局部磨损，造成车轮踏面上出现深沟或车轮不圆等。

④ 淬火质量差。易造成车轮踏面发生裂纹。

⑤ 轨道安装质量差。同一条轨道高低不平，或轨道接头间隙严重超差，当车轮行至此处时，车轮受到的冲击较大而发生踏面裂纹，或当车轮经常在间隙较大处启动时，易造成车轮打滑而踏面不圆，此现象基本常见于大车车轮。

⑥ 表面的局部缺陷。多因铸造车轮踏面层存在疏松、缩孔、砂眼等缺陷，在单位压力较大时就出现凹坑。

⑦ 轴承缺油或润滑不足。导致轴承温升过高，轴承损坏，严重时造成车轮轴也损坏。

（2）解决方法

当发现车轮的踏面有凹痕、砂眼、气孔、裂纹、剥落等缺陷后，应及时更换车轮。车轮轴承损坏后，应及时更换轴承，更换时打开轴承箱，常会发现箱体中的润滑脂很多填充在轴承侧面和盖之间，使新补加的润滑脂进不到轴承的摩擦面上，其原因多是没采用压力注脂法（油泵或油枪）补加润滑脂，而是采用涂抹法，又没有认真往摩擦面上推送，结果轴承被烧毁。

在钢轨上工作的车轮出现下列情况之一时，应报废：

① 踏面有严重裂纹。

② 轮缘厚度磨损达原厚度的 50%。

③ 轮缘厚度弯曲变形达原厚度的 20%。

④ 踏面厚度磨损达原厚度的 15%。

⑤ 当运行速度低于 50m/min 时，椭圆度达 1mm；当运行速度高于 50m/min 时，椭圆度达 0.5mm。

（3）改进措施

为了提高车轮的使用寿命，采取以下措施是有效的。

① 提高轮缘的高度：车轮轮缘承受起重机的侧向压力，车轮有 70%～80%的行程要与轨道侧面相摩擦，由于轮缘磨耗而使车轮报废。研究表明，提高轮缘高度，即增大接触面积，降低接触应力，可提高车轮的使用寿命。实验证明，如果轮缘高度增加到表 4-4 所列数值，则车轮的耐磨性可提高 25%～30%。

表 4-4　轮缘高度

轨道型号	P43	P50	QU70	QU80	QU100	QU100 以上
轮缘高度/mm	30		35	40	45	50

② 采用大锥度圆锥车轮作为驱动轮：将圆锥车轮的锥度从 $K=0.15\sim0.18$（用于集中驱动）增大到 $K=0.25\sim0.28$（用于分别驱动），起重机运行时能自动走直，而且有锥度的踏面与轨道接触时，车轮要偏斜 4°～5°，可部分或全部消除斜侧向力。

③ 车轮踏面采用深层热处理：可以防止运行中车轮表面硬层脱落，提高使用寿命。采用工频局部加热方式可达到省工节电和提高硬度的要求，车轮热处理应符合表 4-5 的规定。

表 4-5　车轮热处理规定

车轮直径/mm	踏面和轮缘内侧面硬度/HB	硬度 HB260 层深度/mm
≤400	300～380	≥15
>400	300～380	≥20

车轮的硬度不要超过表 4-5 中的数值，因为踏面过硬会使轨道严重磨损，而更换轨道比更换车轮困难得多。

4.5.3　吊钩与吊钩组

（1）钩头磨有沟槽

钩头钩口部位的磨损为正常现象，但如果使用得当，或辅助吊具用法，会磨损得慢些，甚至很少磨损。磨损快的主要原因有如下两点。

① 实践证明，用单根钢丝绳跨挂重物，是造成钩口磨损的主要因素。当重物被吊起时，必然要自行调整重心，迫使钢丝绳在钩口处滑动，致使钩口很快磨损。

② 重物的形状极不规则，重心不在物体的中心上，当重物被吊起时，重物需要大幅度地调整重心位置，迫使钢丝绳在钩口处进行大幅度的来回调整，从而存在严重的摩擦，导致钩口磨损。

解决方法：当吊钩危险断面的磨损深度超过其高度的10%时，吊钩钩头应报废或减少负荷降级使用，应及时更换吊钩的钩头。

改进措施：

① 通过辅助吊具，如在钩头上挂圆形或椭圆形的吊环，钢丝绳再挂在吊环上去吊重物，这样吊环和钩头之间就很少存在摩擦，可以大大减少钩头的磨损。

② 对于吨位较大的吊钩，可以在钩头处加衬套进行保护，衬套磨损后，可以更换价值低的衬套，而不用更换价值高得多的钩头。

(2) 钩头的开口度突然增大

故障原因：

① 不正当的操作，通过吊钩歪拉斜吊，拖动地面的物体滑行。

② 不正确地挂吊具，如用两根钢丝绳来吊运形状较长的物体，两根钢丝绳的角度较大，导致钩头受到拉力，致使钩口处的开口度增大。

解决方法：当开口度比原尺寸增大15%时，应立即更换钩头。

改进措施：正确操作、正确挂吊具或加以辅助吊具进行作业。

(3) 轮片、轮缘破裂

一般情况下，轮片及轮缘在使用过程中是不会破裂的，破裂通常是由碰撞造成的。

故障原因：

① 开车不稳或歪拉斜吊、重物撸钩等产生了强烈摆动，使滑轮碰撞到其他物体上。

② 违规操作，如不注意吊钩的起升情况、不检查限位开关的起升工作情况、经常靠限位停车等，致使吊钩“上天”，也叫冲顶，导致滑轮损坏，轮片破裂。

解决方法：能修则修，不能修补的应及时更换轮片。

改进措施：强化起重工的安全操作意识，建立安全作业机制，进行定期或不定期的检查、考核、教育、培训等。

吊钩的报废标准如下。

① 吊钩钩头表面有裂纹时。

② 危险断面磨损达到原来尺寸的 10%时。

③ 开口度比原尺寸增大 15%时。

④ 扭转变形超过 10°时。

⑤ 危险断面或吊钩颈部产生塑性变形时。

⑥ 钩柄腐蚀后的尺寸小于原尺寸的 90%时。

⑦ 吊钩磨损后有补焊时。

⑧ 尾部螺纹的根部有裂纹时。

⑨ 片状吊钩衬套磨损达到原尺寸的 50%时，应报废衬套。

⑩ 板钩防磨板磨损达到原尺寸的 50%时，应报废防磨板。

4.5.4 钢丝绳

（1）钢丝绳经常发生磨损、断丝故障

故障特征：钢丝绳表面有钢丝头。

故障原因：钢丝绳缺乏润滑油，或者润滑不当，或者钢丝绳存在质量问题。

解决方法：及时定期检查，及时为钢丝绳润滑。钢丝绳润滑不是简单地将润滑脂涂抹在钢丝绳上，而是将润滑脂加热到 80～100℃，然后均匀地涂抹在钢丝绳上，对于达到报废标准的，应及时更换钢丝绳。

（2）钢丝绳经常发生脱槽、乱绳故障

故障特点：卷筒上的钢丝绳排列无规律，出现跳槽、乱绳、堆绳现象。

故障原因：

① 因操作不当，歪拉斜吊，或者运行时靠急打反车制动，从而使所吊物体产生较大的惯性，导致钢丝绳乱绳。

② 钢丝绳发生严重的波浪变形或扭结，导致钢丝绳不能规则地排列，造成钢丝绳乱绳。

解决方法：严格按照起重机操作规范进行操作，对钢丝绳损坏严重的应及时更换。

（3）钢丝绳报废标准

当缺少起重机制造商、钢丝绳制造商或供货商提供的有关钢丝绳的使用说明时，钢丝绳的报废基准应符合 GB/T 5972—2023《起重机 钢丝绳 保养、维护、检验和报废》的规定。

只要发现钢丝绳的劣化速度有明显的变化，就应对其原因展开调查，并尽可能地采取纠正措施。情况严重时，主管人员可以决定报废钢丝绳，或缩短下次定期检查的时间间隔，或修改报废基准，例如，减少允许可见断丝数量。

较长钢丝绳中相对较短的区段出现劣化的情况下，如果受影响的区段能够按要求移除，并且余下的长度能满足工作要求，主管人员可决定不报废整根钢丝绳。

① 可见断丝报废基准。不同种类可见断丝的报废基准应符合表 4-6 的规定。

表 4-6　不同种类可见断丝的报废基准

序号	可见断丝的种类	报废基准
1	断丝随机地分布在单层缠绕的钢丝绳经过一个或多个钢制滑轮的区段和进、出卷筒的区段，或者多层缠绕的钢丝绳位于交叉重叠区域的区段	单层股和平行捻密实钢丝绳见表 4-7，阻旋转钢丝绳见表 4-8
2	在不进、出卷筒的钢丝绳区段出现的呈局部聚集状态的断丝	如果局部聚集集中在一个或两个相邻的绳股，即使 $6d$ 长度范围内的断丝数低于表 4-7 和表 4-8 的规定值，可能也要报废钢丝绳
3	股沟断丝	在一个钢丝绳捻距（大约为 $6d$ 的长度）内出现两根或更多断丝
4	绳端固定装置处的断丝	两根或更多断丝

注：d—钢丝绳公称直径。

表 4-7　单层股钢丝绳和平行捻密实钢丝绳中达到报废程度的最少可见断丝数

钢丝绳类别编号 RCN	外层股中承载钢丝的总数[1] n	可见外部断丝的数量[2]					
		在钢制滑轮上工作和/或单层缠绕在卷筒上的钢丝绳区段（钢丝断裂随机分布）				多层缠绕在卷筒上的钢丝绳区段[3]	
		工作级别 M1～M4 或未知级别[4]				所有工作级别	
		交互捻		同向捻		交互捻和同向捻	
		$6d$[5] 长度范围内	$30d$[5] 长度范围内	$6d$[5] 长度范围内	$30d$[5] 长度范围内	$6d$[5] 长度范围内	$30d$[5] 长度范围内
01	$n \leqslant 50$	2	4	1	2	4	8
02	$51 \leqslant n \leqslant 75$	3	6	2	3	6	12
03	$76 \leqslant n \leqslant 100$	4	8	2	4	8	16
04	$101 \leqslant n \leqslant 120$	5	10	2	5	10	20
05	$121 \leqslant n \leqslant 140$	6	11	3	6	12	22

续表

钢丝绳类别编号 RCN	外层股中承载钢丝的总数① n	可见外部断丝的数量②					
		在钢制滑轮上工作和/或单层缠绕在卷筒上的钢丝绳区段(钢丝断裂随机分布)				多层缠绕在卷筒上的钢丝绳区段③	
		工作级别 M1～M4 或未知级别④				所有工作级别	
		交互捻		同向捻		交互捻和同向捻	
		$6d$⑤长度范围内	$30d$⑤长度范围内	$6d$⑤长度范围内	$30d$⑤长度范围内	$6d$⑤长度范围内	$30d$⑤长度范围内
06	$141 \leqslant n \leqslant 160$	6	13	3	6	12	26
07	$161 \leqslant n \leqslant 180$	7	14	4	7	14	28
08	$181 \leqslant n \leqslant 200$	8	16	4	8	16	32
09	$201 \leqslant n \leqslant 220$	9	18	4	9	18	36
10	$221 \leqslant n \leqslant 240$	10	19	5	10	20	38
11	$241 \leqslant n \leqslant 260$	10	21	5	10	20	42
12	$261 \leqslant n \leqslant 280$	11	22	6	11	22	44
13	$281 \leqslant n \leqslant 300$	12	24	6	12	24	48
	$n > 300$	$0.04n$	$0.08n$	$0.02n$	$0.04n$	$0.08n$	$0.16n$

注：对于外层股为西鲁式结构且每股的钢丝数≤19 的钢丝绳（例如，6×19S），在表中的取值位置为其“外层股中承载钢丝总数”所在行之上的第二行。

① 在本表中，填充钢丝不作为承载钢丝，因而不包括在 n 值之中。

② 一根断丝有两个断头。

③ 这些数值适用于交叉重叠区域和由于钢丝绳偏角影响的缠绕绳圈之间干涉引起的劣化（不适用于只在滑轮上工作而不在卷筒上缠绕的区段）。

④ 机构的工作级别为 M5～M8 时，断丝数可取表中数值的 2 倍。

⑤ d——钢丝绳公称直径。

表 4-8　阻旋转钢丝绳中达到报废程度的最少可见断丝数

钢丝绳类别编号 RCN	钢丝绳外层股数和外层股中承载钢丝总数① n	可见断丝数量②			
		在钢制滑轮上工作和/或单层缠绕在卷筒上的钢丝绳区段（钢丝断裂随机分布）		多层缠绕在卷筒上的钢丝绳区段③	
		$6d$④长度范围内	$30d$④长度范围内	$6d$④长度范围内	$30d$④长度范围内
21	4 股 $n \leqslant 100$	2	4	2	4
22	3 股或 4 股 $n \geqslant 100$	2	4	4	8

续表

钢丝绳类别编号 RCN	钢丝绳外层股数和外层股中承载钢丝总数① n		可见断丝数量②			
			在钢制滑轮上工作和/或单层缠绕在卷筒上的钢丝绳区段（钢丝断裂随机分布）		多层缠绕在卷筒上的钢丝绳区段③	
			$6d$④长度范围内	$30d$④长度范围内	$6d$④长度范围内	$30d$④长度范围内
23-1	至少11个外层股	$71 \leqslant n \leqslant 100$	2	4	4	8
23-2		$101 \leqslant n \leqslant 120$	3	5	5	10
23-3		$121 \leqslant n \leqslant 140$	3	5	6	11
24		$141 \leqslant n \leqslant 160$	3	6	6	13
25		$161 \leqslant n \leqslant 180$	4	7	7	14
26		$181 \leqslant n \leqslant 200$	4	8	8	16
27		$201 \leqslant n \leqslant 220$	4	9	9	18
28		$221 \leqslant n \leqslant 240$	5	10	10	19
29		$241 \leqslant n \leqslant 260$	5	10	10	21
30		$261 \leqslant n \leqslant 280$	6	11	11	22
31		$281 \leqslant n \leqslant 300$	6	12	12	24
		$n > 300$	6	12	12	24

注：对于外层股为西鲁式结构且每股的钢丝数≤19的钢丝绳（例如，18×19S WSC），在表中的取值位置为其“外层股中承载钢丝总数”所在行之上的第二行。

① 在本表中，填充钢丝不作为承载钢丝，因而不包括在 n 值之中。

② 一根断丝有两个断头（按一根断丝计数）。

③ 这些数值适用于交叉重叠区域和由于钢丝绳偏角影响的缠绕绳圈之间干涉引起的劣化（不适用于只在滑轮上工作而不在卷筒上缠绕的区段）。

④ d——钢丝绳公称直径。

② 钢丝绳直径的减小

a. 沿钢丝绳长度均匀减小。在卷筒上单层缠绕或经过钢制滑轮的钢丝绳区段，直径均减小的报废基准值见表4-9中的粗体字。

表4-9 直径均匀减小的报废基准——单层缠绕卷筒和钢制滑轮上的钢丝绳

钢丝绳类型	直径的均匀减小量 Q（用公称直径的百分比表示）	严重程度分级	
		程度	%
纤维芯单层股钢丝绳	$Q < 6\%$	—	6
	$6\% \leqslant Q < 7\%$	轻度	20
	$7\% \leqslant Q < 8\%$	中度	40
	$8\% \leqslant Q < 9\%$	重度	60
	$9\% \leqslant Q < 10\%$	严重	80
	$Q \geqslant 10\%$	**报废**	**100**

续表

钢丝绳类型	直径的均匀减小量 Q（用公称直径的百分比表示）	严重程度分级	
		程度	%
钢芯单层股钢丝绳或平行捻密实钢丝绳	$Q<3.5\%$	—	0
	$3.5\%\leqslant Q<4.5\%$	轻度	20
	$4.5\%\leqslant Q<5.5\%$	中度	40
	$5.5\%\leqslant Q<6.5\%$	重度	60
	$6.5\%\leqslant Q<7.5\%$	严重	80
	$Q\geqslant 7.5\%$	**报废**	100
阻旋转钢丝绳	$Q<1\%$	—	0
	$1\%\leqslant Q<2\%$	轻度	20
	$2\%\leqslant Q<3\%$	中度	40
	$3\%\leqslant Q<4\%$	重度	60
	$4\%\leqslant Q<5\%$	严重	80
	$Q\geqslant 5\%$	**报废**	100

b. 局部减小。如果发现直径有明显的局部减小，如由绳芯或钢丝绳中心区损伤导致的直径局部减小，应报废该钢丝绳。

③ 断股。如果钢丝绳发生整股断裂，则应立即报废。

④ 腐蚀。报废基准和腐蚀严重程度分级见表 4-10。

评估腐蚀范围时，重要的是区分钢丝腐蚀和由于外来颗粒氧化而产生的钢丝绳表面腐蚀之间的差异。在评估前，应将钢丝绳的拟检测区段擦净或刷净，但不宜使用溶剂清洗。

表 4-10　腐蚀报废基准和严重程度分级

腐蚀类型	状态	严重程度分级
外部腐蚀	表面存在氧化迹象，但能够擦净 钢丝表面手感粗糙 钢丝表面重度凹痕以及钢丝松弛	浅表——0% 重度——60% 报废——100%
内部腐蚀	明显可见的内部锈蚀迹象——腐蚀碎屑从外层绳股之间的股沟溢出	报废——100% 或 如果主管人员认为可行，则进行内部检验
摩擦腐蚀	摩擦腐蚀过程为：干燥钢丝和绳股之间的持续摩擦产生钢质微粒的移动，然后氧化，并产生形态为干粉（类似红铁粉）状的内部腐蚀碎屑	对此类迹象特征宜做进一步探查，若仍对其严重性存在怀疑，宜将钢丝绳报废（100%）

⑤ 畸形和损伤。钢丝绳失去正常形状而产生的可见形状畸变都属于畸形。畸形通常发生在局部，会导致畸形区域的钢丝绳内部应力分布不均匀。畸形和损伤会以下列所示的多种方式表现出来，只要钢丝绳的自身状态被认为是危险的，就应立即报废。

a. 波浪形。在任何条件下，只要出现以下情况之一，钢丝绳应报废：

a）在从未经过、绕进滑轮或缠绕在卷筒上的钢丝绳直线区段上，直尺和螺旋面下侧之间的间隙 $g>1/3\times d$；

b）在经过滑轮或缠绕在卷筒上的钢丝绳区段上，直尺和螺旋面下侧之间的间隙 $g>1/10\times d$。

b. 笼状畸形。出现篮形或笼状畸形的钢丝绳应立即报废，或者将受影响的区段去掉，但应保证余下的钢丝绳能满足使用要求。

c. 绳芯或绳股突出或扭曲。发生绳芯或绳股突出的钢丝绳应立即报废，或者将受影响的区段去掉，但应保证余下的钢丝绳能满足使用要求。

注：这是篮形或笼状畸形的一种特殊类型，其特征是钢丝绳受力不平衡，表现为绳芯或钢丝绳外层股之间中心部分的突出，或者外层股或股芯的突出。

d. 钢丝的环状突出。钢丝突出通常成组出现在钢丝绳与滑轮槽接触面的背面，发生钢丝突出的钢丝绳应立即报废。

注：钢丝绳外层股中突出的单根钢丝，如果能除掉或在工作时不会影响钢丝绳的其他部分，可不必将其作为报废钢丝绳的理由。

e. 绳径局部增大。钢芯钢丝绳直径增大5%及以上，纤维芯钢丝绳直径增大10%及以上，应查明其原因并考虑报废钢丝绳。

注：钢丝绳直径增大可能会影响到相当长的一段钢丝绳，例如，纤维绳芯吸收了过多的潮气膨胀引起的直径增大，会使外层绳股受力不均衡而不能保持在正确的位置。

f. 局部扁平。钢丝绳的扁平区段经过滑轮时，可能会加速劣化并出现断丝。在这种情况下，根据压扁的程度来考虑是否可报废钢丝绳。

钢丝绳扁平区段可能会比正常绳段遭受更大程度的腐蚀，尤其是当外层绳股散开使湿气进入时。如果继续使用，就应对其进行更频繁的检查，否则宜考虑报废钢丝绳。

由于多层缠绕而导致钢丝绳的局部扁平，如果伴随扁平出现的断丝数不超过表4-7和表4-8规定的数值，可不报废。

4.5.5 制动装置

（1）制动器打不开，或开启时无力

故障特征：制动器打不开，机构启动不了。

故障原因：制动电动机烧坏、制动器没油或液压油不足、制动器电源缺相或没有电源或电源电压不足。

解决方法：更换制动电动机、加够制动器液压油、检查线路和电源电压。

（2）制动器打开缓慢

故障特征：制动器打开缓慢，闭合时也很缓慢，停车时制动不好。

故障原因：制动器的液压油比较黏稠。

解决方法：更换为比较稀的液压油，加入变压器油效果更佳。

（3）制动器刹车下滑量大或失灵

故障原因：

① 制动器调整不当，如弹簧未调紧等。

② 制动器选型不足。

③ 制动轮或制动器的闸瓦上有油污、雨水等。

④ 过载使用。

⑤ 对于变频器控制的起重机，变频器参数调整不当或在使用过程中随意改变变频参数。

⑥ 对于通过接触器来控制制动器的，接触器是否有粘连或卡塞的情况。

⑦ 制动器的闸皮磨损严重、闸瓦等部件是否有破裂情况。

解决方法：针对上述情况逐一进行检查，并对症处理。

4.5.6 桥门式起重机零部件部分故障及解决方法

桥门式起重机零部件部分故障及解决方法见表 4-11。

表 4-11　桥门式起重机零部件部分故障及解决方法

故障名称		故障原因	解决方法
减速机	有周期性齿轮颤振现象，从动轮特别明显	节距误差过大，齿侧间隙超差	修理、重新安装
	剧烈的金属摩擦声，减速器振动，机壳叮当作响	1. 传动齿轮侧隙过小，两个齿轮轴不平行，齿顶有尖锐的刃边 2. 轮齿工作面不平坦	修整、重新安装
	齿轮啮合时，有不均匀的敲击声，机壳振动	齿面有缺陷，轮齿不是沿全齿面接触，而是在一角上接触	更换齿轮
	壳体，特别是安装轴承处发热	1. 轴承破碎 2. 轴颈卡住 3. 轮齿磨损 4. 缺少润滑油	1. 更换轴承 2. 更换轴承 3. 修整齿轮 4. 更换润滑油

续表

故障名称		故障原因	解决方法
减速机	剖分面漏油	1. 密封失效 2. 箱体变形 3. 剖分面不平 4. 连接螺栓松动	1. 更换密封件 2. 检修箱体剖分面，变形严重则更换 3. 铲平剖分面 4. 清理回油槽，紧固螺栓
	减速器在底座上振动	1. 地脚螺栓松动 2. 与各部件连接轴线不同心 3. 底座刚性差	1. 调整地脚螺栓 2. 对线调整 3. 加固底座，增加刚性
	减速器整体发热	润滑油过多	调整油量
制动器	不能闸住制动轮（重物下滑）	1. 杠杆的铰链被卡住 2. 制动轮和摩擦片上有油污 3. 电磁铁铁芯没有足够的行程 4. 制动轮或摩擦片有严重磨损 5. 主弹簧松动和损坏 6. 锁紧螺母松动、拉杆松动 7. 液压推杆制动器叶轮旋转不灵	1. 排除卡住故障，润滑 2. 清洗油污 3. 调整制动器 4. 更换摩擦片 5. 更换主弹簧或锁紧螺母 6. 紧固锁紧螺母 7. 检修推动机构和电气部分
	制动器不松闸	1. 电磁铁线圈或液压电动机烧毁 2. 连接电磁铁或液压电动机的导线断开 3. 摩擦片粘连在制动轮上 4. 活动铰被卡住 5. 主弹簧力过大或配重太重 6. 制动器顶杆弯曲，推不动电磁铁（在液压推杆制动器上） 7. 油液使用不当 8. 叶轮卡住 9. 电压低于额定电压 85%，电磁铁吸合力不足	1. 更换 2. 接好线 3. 用煤油清洗 4. 消除卡住现象、润滑 5. 调整主弹簧力 6. 顶杆调直或更换顶杆 7. 按工作环境温度更换油液 8. 调整推杆机构和检查电气部分 9. 查明电压降低原因，排除故障
	制动器发热，摩擦片发出焦味并且磨损很快	1. 闸瓦在松闸后，没有均匀地和制动轮完全脱开，因而产生摩擦 2. 两闸瓦与制动轮间隙不均匀，或者间隙过小 3. 短行程制动器辅助弹簧损坏或者弯曲 4. 制动轮工作表面粗糙	1. 调整间隙 2. 调整间隙 3. 更换或修理辅助弹簧 4. 按要求车削制动轮表面

续表

<table>
<tr><th colspan="2">故障名称</th><th>故障原因</th><th>解决方法</th></tr>
<tr><td rowspan="2">制动器</td><td>制动器容易离开调整位置,制动力矩不够稳定</td><td>1. 调节螺母和背螺母没有拧紧
2. 螺纹损坏</td><td>1. 拧紧螺母
2. 更换</td></tr>
<tr><td>电磁铁发热或有响声</td><td>1. 主弹簧力过大
2. 杠杆系统被卡住
3. 衔铁与铁芯贴合位置不正确</td><td>1. 调整至合适大小
2. 消除卡住故障、润滑
3. 刮平贴合面</td></tr>
<tr><td>卷筒</td><td>1. 卷筒裂纹
2. 卷筒轴、键磨损
3. 卷筒钢丝绳跳槽
4. 卷筒壁磨损严重</td><td>1. 卷筒疲劳或超载作业
2. 加强日常维护和保养
3. 操作不当
4. 钢丝绳缺乏日常润滑,或使用年限较长</td><td>1. 更换卷筒
2. 停止使用,立即对轴键等检修
3. 正确操作
4. 加强日常保养,当磨损量达到原壁厚的 15%～20% 时,应及时更换</td></tr>
<tr><td rowspan="2">钢丝绳</td><td>钢丝绳迅速磨损或经常破坏、断丝、断股、打结、磨损</td><td>1. 滑轮和卷筒直径太小
2. 卷筒上绳槽尺寸和绳径不相匹配,太小
3. 有脏污,缺少润滑
4. 滑轮槽底或轮缘不光滑,有缺陷
5. 使用不当</td><td>1. 更换挠性更好的钢丝绳,或加大滑轮或卷筒直径
2. 更换起吊能力相等但直径较细的钢丝绳,或更换滑轮及卷筒
3. 清除、润滑
4. 调整
5. 正确操作</td></tr>
<tr><td>钢丝绳发生空中打花</td><td>在地面缠绕钢丝绳时,未能将钢丝绳放松伸直放劲</td><td>使钢丝绳在放松状态下重新缠绕在卷筒上</td></tr>
<tr><td>滑轮</td><td>1. 滑轮绳槽磨损不匀
2. 滑轮心轴磨损量达公称直径的 3%～5%
3. 滑轮转不动
4. 滑轮倾斜、松动
5. 滑轮裂纹或轮缘断裂</td><td>1. 材质不均匀、安装不合要求,绳和轮接触不良
2. 心轴损坏
3. 缺油
4. 操作不当,轴上定位件松动,或钢丝绳跳槽
5. 滑轮损坏</td><td>1. 轮槽壁磨损量达到原厚度的 1/10、径向磨损量达到绳径的 1/5 时应更换
2. 更换
3. 加强润滑,检修
4. 进行检修,加强正确操作
5. 更换</td></tr>
</table>

续表

故障名称		故障原因	解决方法
滚动轴承	1. 温度过高 2. 异常声响(继续哑音) 3. 金属研磨声响 4. 锉齿声或冲击声	1. 润滑油污垢,完全缺油或油过多 2. 轴承脏污 3. 缺油 4. 轴承保持架、滚动体损坏	1. 清除垢污,更换轴承,检查润滑油数量 2. 清除脏污 3. 加油 4. 更换轴承
滑动轴承	过度发热	1. 轴承偏斜或压得过紧 2. 间隙不当 3. 润滑剂不足 4. 润滑剂质量不合格	1. 消除偏斜,合理紧固 2. 调整间隙 3. 加润滑油 4. 换合格的油剂

4.6 振动、异常响声

起重机的异常振动和声响是最常见的故障，在起重机的故障中占有很高的比例。通常，当挡位或转速越高时，如果噪声或振动越大，则说明是机械问题产生的；如果噪声或振动反而减小或消失，则说明一定是电气或线路上的问题。

4.6.1 机械部件产生的振动、噪声

故障原因如下。

① 机械各部件干涉：如防护罩与传动轴的干涉。

② 机械部件的损坏：如轴承损坏、车轮损坏、齿轮磨损。

③ 机械本身的不合格：例如，减速器缺油，或者缺油导致齿轮磨损，或者减速器质量问题，或者电动机转子内部断路造成转子三线出力不平衡。

④ 机械缺乏润滑油：轴承缺油、联轴器缺油。

⑤ 机械装配不合格：电动机减速器安装不同心；螺钉未拧紧；车轮啃轨；主动车轮一个悬空；小车轨道缝隙较大。

⑥ 设计不当：例如，小车车轮轮压分配不当，主动轮压小，起步困难打

滑；设计三合一机构的电动机为笼型电动机，启动冲击大时车轮打滑；传动轴设计过长，刚性和稳定性差，轴跳动严重。

⑦ 外部环境因素：如雨雾天气，轨道湿润，车轮起步打滑；大车轨道安装不合格；大车轨道配置过小，轮压轻打滑。

4.6.2　电气部件产生的振动、噪声

故障原因如下。

① 电阻线接错：例如，电阻器到控制屏或到司机室的电阻线不是一一对应的；控制屏内平衡电阻线在接触器上非三角形接法；对于四级切除电阻的接触器、电阻线接错。

② 电动机转子短接：转子短接，电动机直接启动，冲击大，车轮打滑。

③ 转子线路缺陷：例如，电缆内部断芯；电动机转子碳刷磨损或滑环磨损或接触不良；电阻器上电阻线松动等。

④ 调试不当：如时间继电器调节过短，切除电阻较快，启动冲击大。

⑤ 接触器噪声：接触器卡塞、电压偏低，接触器不能完全吸合、控制线接地，吸合电压不足时产生噪声。

⑥ 变频器参数调试不当。

⑦ 高频电磁噪声：不作为重点对象，暂不考虑。

处理措施：根据以上故障原因进行排查处理，如果减速器因漏加油或加油不足导致齿轮磨损严重，即使重新加够油量，振动和噪声仍不能排除，必要时应更换减速器磨损的齿轮。

第5章 电气结构常见故障及处理

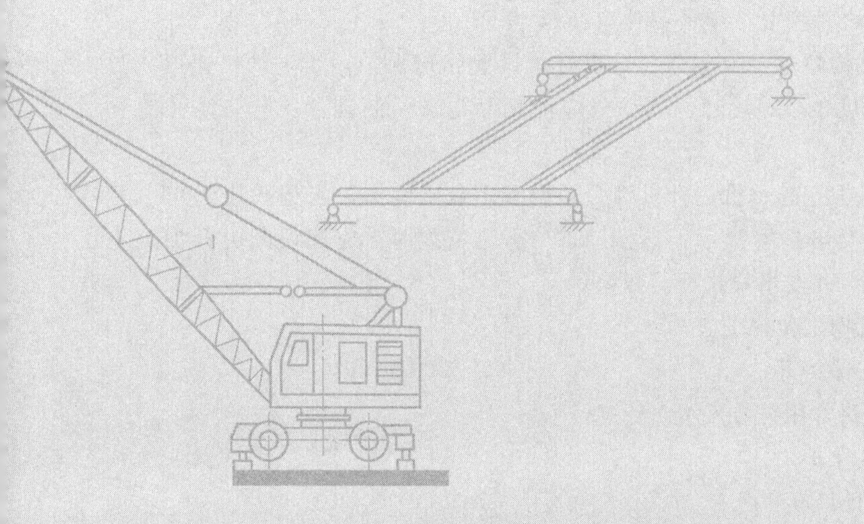

- 起重机电气结构概述
- 电路检修方法及常用工具
- 起重机常用低压电器与故障处理
- 桥门式起重机典型电路及常见故障分析与处理
- 变频调速电气控制系统工作原理及故障分析与处理
- 几种常见变频器的使用及故障处理
- 可编程控制器在起重机上的应用与故障处理

5.1
起重机电气结构概述

起重机的电气线路由配电保护和照明信号电路、各机构的主电路和控制电路等组成。

主电路由隔离开关、总断路器、接触器等构成。

电气保护主要包括以下几项：

① 电动机过载、过流及过热保护。

② 零位保护：起重机各个机构需要设置零位保护功能，当操作中设备故障或断电后，控制器必须回到零位后，设备才能正常启动。

③ 失压保护：当电路电压低于设定值或电源中断后，电气设备应处于断电状态，防止电源恢复，设备突然启动。

④ 起升机构超速：冶金类起重机必须设置超速保护，当电动机速度超过电动机额定速度的130%时，电动机应能切断电源，制动器工作，防止重物掉落。

⑤ 超载保护：起重机起升机构必须设置超载限制器，当负载达到95%额定负载时，应发出报警提示，达到105%额定负载时，应能切断上升回路电源，只能下降，并发出禁止性信号警示。

⑥ 各个机构限位保护。

⑦ 门开关保护等。

起重机电路常用符号表示：

＝01 配电保护

＝02 照明信号

＝04 PLC

＝05 主起升机构

＝06 副起升机构

＝10 小车机构

＝12 大车机构

＋40 司机室

＋41 传动侧或司机室右侧走台

＋42 导电侧或司机室左侧走台

+60 主小车

+62 副小车

+70 固定电气室

+71 传动侧主梁电气室

+72 导电侧主梁电气室

5.2 电路检修方法及常用工具

（1）常规检查法

常规检查法就是通过人的眼睛、耳朵、鼻子及手等感觉器官，感知故障状况，获取故障信息，对故障做出初步判断。例如：在向操作人员了解清楚故障现象后，可以通过观察判断有无明显的故障点；用耳朵听故障声音，判断是机械故障声音还是电动机内的电气故障声音，也可以用鼻子闻气味，判断是否有元件烧毁等情况；还可以用手感觉电动机等部件的温度，对故障做出正确判断。这种方法最常用，也是首先采用的一种方法，需要维修人员具备一定的经验。

（2）电压法

电压法是一种直接有效的快捷方法，当发现一个动作机构该动作而未动作时，就可以用万用表从线圈两端开始，逐个量取线圈和线圈支路中各元件的电压，最终找出故障点，排除故障。

（3）电流测量法

电流测量法是利用电流表测量线路的标称电流是否正常，以此为依据判断故障原因。对弱电回路可直接测量，对强电回路可采用钳形电流表测量。

（4）电阻测量法

电阻测量法是一种常用的测量方法，是利用电桥或万用表的电阻挡，测量电动机、线路等是否符合使用标称值以及是否通断的一种方法，或利用兆欧表测量对地的绝缘电阻。

（5）短接法

当一个动作元件应该动作而没有动作，而且这个元件又处在一个多回路中，使用万用表不能得出准确结论时，可以通过短接该元件线圈支路中的互锁控制元件，逐一排除故障点。

(6) 替换法

在怀疑某个电器元件有故障时，可以替换该元件查看故障是否消失，从而得出结论。

(7) 接地法

当怀疑一个较长支路线路有断线和查找线路断点时，在断电的情况下，可以将线路的一端接地，逐级测量线路另一端是否也接地，从而得出准确结论。

(8) 试车法

试车法就是在保证不会导致故障扩大的前提下，通过送电试车，反复观察动作机构的动作情况，发现异常，排除故障或帮助进一步查找故障。

以上只是检修方法中的一小部分，方法还有许多种，需要不断地思索与总结，只要动脑筋，方法总会有的。

常用工具：电笔、万用表、兆欧表、钳形电流表。

5.3 起重机常用低压电器与故障处理

5.3.1 接触器

(1) 线圈通电后，接触器不动作或动作不正常

故障原因：

① 电源电压低。

② 线圈控制线路断路。

③ 线圈损坏；用万用表测量线圈的电阻，如果电阻为 $+\infty$，则更换线圈。

④ 线圈额定电压比线路电压高。

⑤ 触点弹簧压力或释放弹簧压力过大。

⑥ 按钮触点或辅助触点接触不良。

解决方法：

① 调整电源电压。

② 检查接线端子有没有断线或松脱现象，如果有断线，更换相应导线。如果有松脱，紧固相应接线端子。

③ 换上适应控制线路电压的线圈。

④ 调整弹簧压力或更换弹簧。

⑤ 清理按钮触点或更换相应辅助触点。

（2）线圈断电后，接触器不释放或延时释放

故障原因：

① 该系统中柱无气隙，剩磁过大。

② 启用的接触器铁芯表面有油或使用一段时间后有油。

③ 触点抗熔焊性能差，在启动电动机或线路短路时，大电流使触点焊牢而不能释放。

④ 控制线路接错。如线路存在次生回路等。

解决方法：

① 将剩磁间隙处的极面锉去一部分，使间隙为 0.1～0.3mm，或在线圈两端并联一只 0.1μF 电容。

② 将铁芯表面防锈油脂擦干净，铁芯表面要求平整，但不宜过光，否则容易造成延时释放。

③ 交流接触器的主触点应选用抗熔焊能力强的银基合金，如银铁、银镍等。

④ 检查并更正控制线路问题。

（3）线圈过热烧损或损坏

故障原因：

① 线圈的工作频率和通电持续率超过产品技术要求。

② 铁芯极面不平或中柱气隙过大。

③ 机械损伤，运动部分被卡住。

④ 环境温度过高或空气潮湿或含有腐蚀性气体使线圈绝缘损坏。

解决方法：

① 更换具有相应工作频率和通电持续率的线圈。

② 清理极面或调整铁芯，更换线圈。

③ 修复机械部分，更换线圈。

④ 对于恶劣环境的工况，订货时需特别认真强调。

（4）接触器的电磁铁噪声过大

故障原因：

① 短路环断裂。

② 触点弹簧压力过大，或触点超行程过大。

③ 衔铁与机械部分的连接销松动，或夹紧螺钉松动。

④ 铁芯有杂物。

⑤ 线路存在漏电问题，电压不正常。

解决方法：

① 更换短路环或铁芯。

② 调整弹簧触点压力或减小行程。

③ 紧固夹紧螺钉。

④ 清理铁芯中的杂物。

⑤ 检查线路是否接地，电压是否正常。

（5）相间短路

故障原因：

① 接触器堆积尘埃太多或粘有水汽、油垢等，致使接触器的绝缘损坏。

② 在仅用电气联锁的情况下，可逆转换接触器的切换时间短于燃弧时间。

③ 灭弧罩破裂，或接触器零部件被电弧烧坏。

解决方法：

① 要经常清扫，保持清洁、干燥。

② 增加机械联锁。

③ 更换灭弧罩或更换损坏的部件。

5.3.2 凸轮控制器、联动台

（1）控制器转不动

故障原因：

① 凸轮有卡死现象。

② 定位机构有问题。

解决方法：检查故障原因，更换相应部件。

（2）通电后电动机不旋转，过流继电器动作

故障原因：

① 电源存在问题。

② 控制器接线错误。

③ 控制器线路接地。

解决方法：

① 检测电源。

② 检查控制器接线。

例如：某地一台 QD20/5t 起重机，用户在更换凸轮后出现一启动过流继

电器就跳闸的问题，经排查为凸轮控制器内电动机定子电源线接错造成短路所致。

5.3.3　电阻器

电阻器的接线必须按照提供的资料正确连接。如果发现电动机出力不足，控制手柄在规定位置不能起吊额定负载或无法开动大、小车，应首先检查电阻器的接线是否正确。一般情况下，可根据电阻器的规格数量做简单判断，必要时可用电桥进行测量（此时应拆除所有与电动机相连的导线，一般不需用电桥进行测量）。

（1）常见故障现象

① 电动机空载正常，吊不起重载。

② 电动机启动电流大。

③ 启动时机械噪声大，启动完毕后正常。

（2）故障原因

① 电阻器有开路、短路现象，启动时间过长。

② 电阻器在启动过程中没有投入运行。

③ 电动机转子或转子回路有短路现象。

（3）解决方法

① 检查校对电阻器接线。

② 缩短启动时间。

③ 检查校对电动机转子及电阻器部分有无短路、开路问题。

5.3.4　电动机

（1）电动机不旋转故障原因及解决方法（表 5-1）

表 5-1　电动机不旋转故障原因及解决方法

故障类型	故障原因	排除措施及解决方法
电源故障	1. 电源电压低 2. 电动机缺相运行 3. 电动机容量小	1. 调整电源电压 2. 整改缺相线路 3. 增大电动机容量

续表

故障类型	故障原因	排除措施及解决方法
电路故障	1. 断路缺相 2. 主电路故障 3. 控制电路故障	1. 检查电路，排除线路故障 2. 测量定子电路电压，判断是否缺相 3. 转子是否开路
电动机故障	1. 定子断路或短路 2. 转子断路或短路 3. 电动机接地故障 4. 漏电故障	1. 测量电动机绝缘 2. 测量直流电阻 3. 测量空载电流 4. 测量额定电流 5. 测量速度 6. 电动机是否有噪声 7. 有无异味
机械故障	1. 机械负载过重 2. 机械部分卡死	1. 减轻负载 2. 排除机械故障

（2）电动机发热、烧毁故障原因及解决方法（表 5-2）

表 5-2　电动机发热、烧毁故障原因及解决方法

故障原因	排除措施及解决方法
电源电压过低或过高、三相电压不平衡	调整电源电压
与电动机相关的线路接线错误，如电阻线接线错误，导致部分电阻未投入使用，或三相电阻全部短接，或电动机转子碳刷处直接短接，造成电动机启动电流大，从而导致电动机发热烧坏。对于多个电动机驱动的，其中个别电动机的运转方向和其他电动机不一致	检查与电动机相关的线路，检查电阻线路接线是否正确，检查电动机转子接线是否短接在一起。对于多个电动机驱动的，应检查各个电动机的运转方向是否一致。例如：鞍钢营口一台 QD100/20t 桥式起重机，大车采用四个电动机驱动，正常工作，但在使用中一台电动机发热严重，经常烧坏，后经检查发现，此电动机运转方向与其余 3 台相反，工作中被其余 3 台拖着反转运行，造成电动机长期处于过载状态，引起发热而烧坏，调整相序后工作正常
电动机缺相运行	检查电动机的定子、转子电缆线内部是否断芯
不正确的使用操作。例如，电动机频繁启动操作或长期超载作业	对于不正确的操作，需对操作人员加强技能培训
车间行程短，大车运行为普通控制，且运行速度高，这样会造成启动停止频繁、经常低挡操作、经常靠打反车制动，都将导致电动机电流过大，从而使电动机发热甚至烧毁	对于车间行程短且大车运行速度高的工作场合，比较理想的处理措施是将大车控制方式改为变频控制，如果通过更换大速比的减速器、减小电动机功率、重新配置合适的电阻器，来降低大车运行速度，这个方案的造价并不低，且施工较麻烦，结果还并不理想。对于这些问题，应从源头上杜绝，如用户在订货协议上要求大车采用变频器控制

续表

故障原因	排除措施及解决方法
环境温度过高	环境温度高时，应采用绝缘等级为 H 级的电动机
电源线线径不够且电源线又比较长，导致在电缆线上产生的压降比较大，从而使到电动机上的电源电压不足，造成电动机发热	如果电源电缆线线径过小，应更换或并加电缆线

(3) 交流电动机常见故障（表 5-3）

表 5-3　交流电动机常见故障

故障名称	故障原因	解决方法
整个电动机均匀过热	1. 接电率(JC%)加大，引起过载或频繁启动 2. 在低电压下工作 3. 电动机选择不当 4. 超负荷使用 5. 电动机风机不转	1. 降低起重机繁重程度或更换相应的电动机 2. 电压低于 10%额定电压时停止工作 3. 选择合适的电动机 4. 减少负荷 5. 检查电动机风机并进行处理
定子局部过热	定子硅钢片之间局部短路	消除引起短路的原因，用绝缘漆抹在修理的地方
定子绕组局部过热	1. 某一相绕组与外壳短路 2. 某相绕组中的两处与外壳短路	1. 检查并排除 2. 修复某相绕组
转子温度升高，定子有大电流冲击，电动机在额定负荷时不能达到全速	1. 绕组端头、中性点或并联绕组间接触不良 2. 绕组与滑环间接触不良 3. 电刷器械中有接触不良处 4. 转子电路中有接触不良处	1. 检查焊接处，消除缺陷 2. 检查连接状况 3. 检查调整电刷器械 4. 检查松动与接触不良的情况并修理；检查电阻，断裂的进行更换
电动机在工作时振动	1. 电动机轴和减速器轴不同心 2. 轴承损坏和磨损 3. 转子变形	1. 重新对线安装 2. 更换轴承 3. 检修
电动机工作时发出不正常的声响	1. 定子相位错移 2. 定子铁芯没压紧 3. 轴承磨损过大 4. 楔子膨胀	1. 检查接线并改正 2. 检查定子并修理 3. 更换轴承 4. 锯掉膨胀出的楔子或更换

续表

故障名称	故障原因	解决方法
电动机在承受负荷后转速变慢	1. 转子端部连接处发生短路或接地 2. 转子绕组有两处接地	1. 检查并消除短路和接地现象 2. 检查每匝线圈，修理破损，消除短路
电动机运行时定子与转子摩擦	1. 轴承磨损，轴承端盖不正，定子或转子铁芯变形 2. 定子绕组的线圈连接不正确，使磁通不平衡	1. 更换失效轴承；检查端盖的位置；清除定子、转子铁芯上的飞刺 2. 检查并使线圈接线正确，定子每相中的电流应相等
电动机工作时电刷上冒火花或滑环被烧焦	1. 电刷研磨不好 2. 电刷在刷握中太松 3. 电刷及滑环脏污 4. 滑环不平，造成电刷跳动 5. 电刷压力不足 6. 电刷牌号不对 7. 电刷间电流分布不均匀 8. 电阻线路接线错误	1. 磨好电刷 2. 调整电刷或研磨合适 3. 用酒精将滑环擦干净 4. 车削和磨光滑环 5. 调整电刷压力（18～20kPa） 6. 更换电刷 7. 检查刷架馈电线及电刷并矫正 8. 检查电阻线路并处理
滑环开路	滑环与电刷器械脏污	清污除垢

5.4

桥门式起重机典型电路及常见故障分析与处理

起重机电气控制系统常用的控制方式有两种：一种是采用凸轮控制器直接驱动电动机，在用户无特殊要求且电动机功率小于等于 26kW 时通常采用这种控制方式；另一种是采用主令控制器加电气控制屏实现电动机的控制，适用于电动机功率为 26kW 以上的电控系统。

5.4.1 标准 20/5t（凸轮控制）起重机电气控制系统

（1）控制系统图（图 5-1）

（2）20/5t 凸轮控制标准电气原理图

① 主电路如图 5-2 所示。

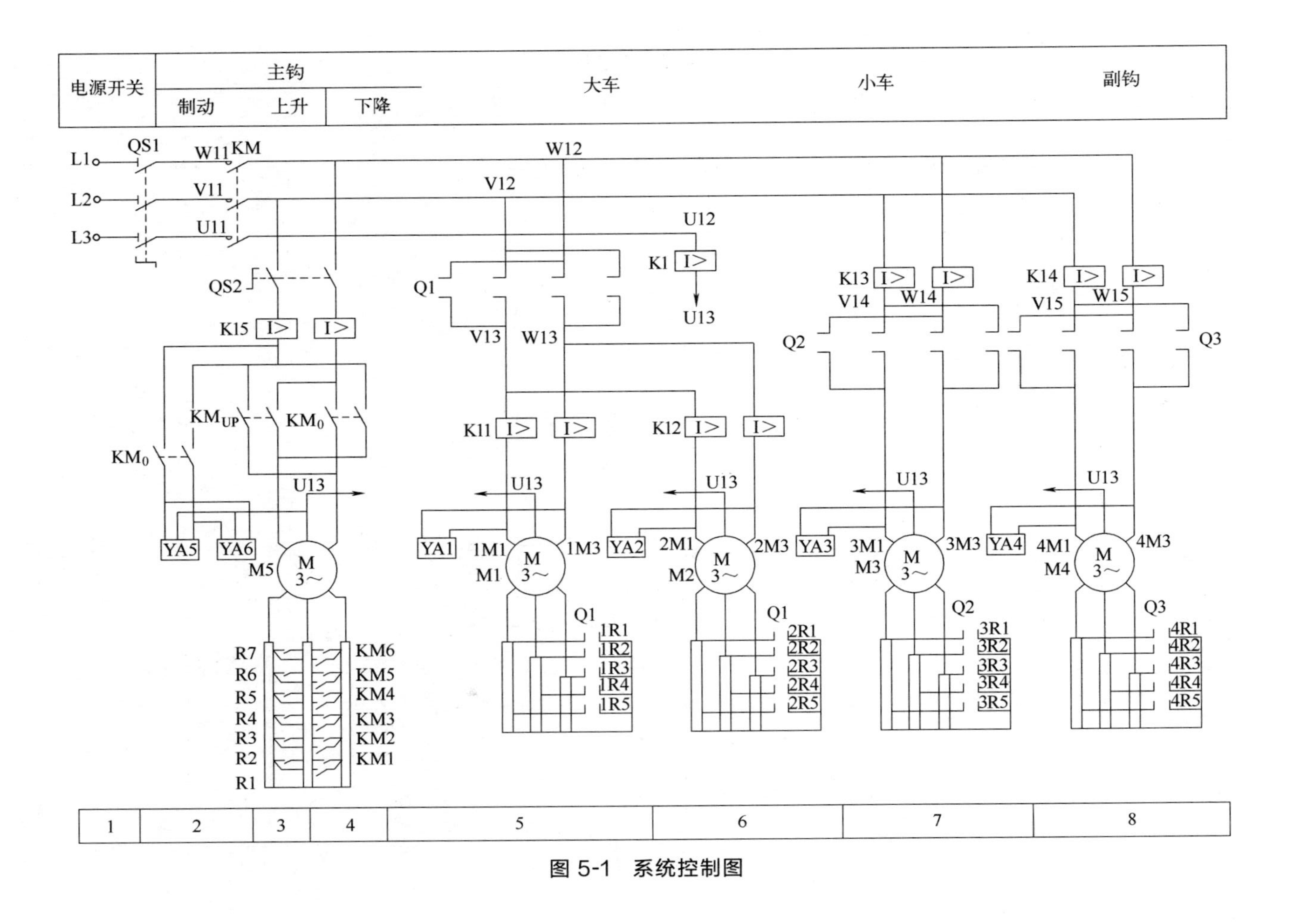

电源开关
主钩
制动
上升
下降
大车
小车
副钩
L1
L2
L3
QS1
W11
KM
V11
U11
W12
V12
U12
K1
U13
QS2
K15
Q1
V13
W13
K11
K12
K13
V14
W14
K14
V15
W15
Q2
Q3
KM0
KMUP
YA5
YA6
M5
YA1
1M1
M1
1M3
YA2
2M1
M2
2M3
YA3
3M1
M3
3M3
YA4
4M1
M4
4M3
R7
R6
R5
R4
R3
R2
R1
KM6
KM5
KM4
KM3
KM2
KM1
1R1
1R2
1R3
1R4
1R5
2R1
2R2
2R3
2R4
2R5
3R1
3R2
3R3
3R4
3R5
4R1
4R2
4R3
4R4
4R5
1
2
3
4
5
6
7
8

图 5-1　系统控制图

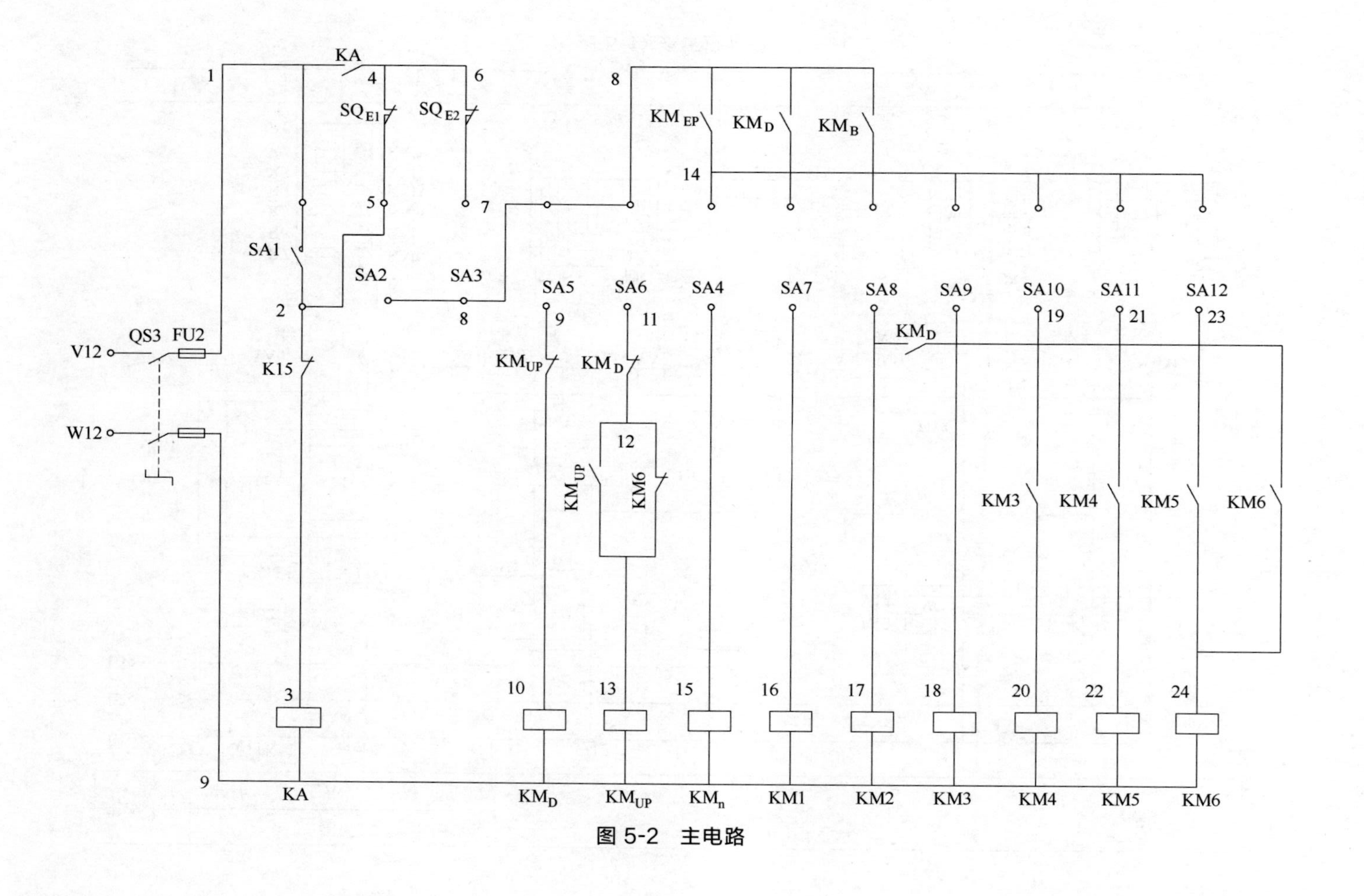
V12
W12
QS3
FU2
1
KA
4
6
SQ$_{E1}$
SQ$_{E2}$
5
7
SA1
2
K15
SA2
SA3
8
3
KA
9
SA5
9
KM$_{UP}$
10
KM$_D$
SA6
11
KM$_D$
12
KM$_{UP}$
KM6
13
KM$_{UP}$
KM$_{EP}$
14
KM$_D$
KM$_B$
SA4
15
KM$_n$
SA7
16
KM1
SA8
KM$_D$
17
KM2
SA9
18
KM3
SA10
19
KM3
20
KM4
SA11
21
KM4
22
KM5
SA12
23
KM5
KM6
24
KM6
图 5-2 主电路

② 配电保护控制回路如图 5-3 所示。

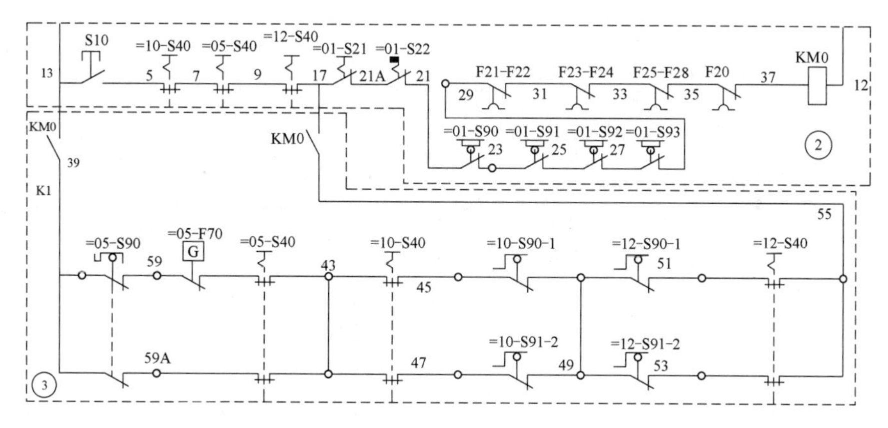

图 5-3　配电保护控制回路

5.4.2　标准 20/5t（凸轮控制）起重机电气控制系统常见故障及处理方法

标准 20/5t（凸轮控制）起重机电气控制系统常见故障及处理方法见表 5-4。

表 5-4　标准 20/5t（凸轮控制）起重机电气控制系统常见故障及处理方法

故障现象	故障原因	处理方法
总接触器不吸合	1. 舱门开关没合上(S90～S93) 2. 紧急开关或急停开关没合上(＝01-S21，＝01-S22) 3. 控制器手柄没在零位(有控制屏的除外) 4. 控制电路没电 5. 过流继电器控制点故障 6. 线圈烧坏	1. 闭合各个开关(＝01-S21，＝01-S22，＝01-S90～S93) 2. 凸轮控制器置于零位 3. 检查控制电路电源是否正常 4. 检查过流继电器 5. 更换接触器线圈
总接触器吸合后不能自锁	1. 总接触器自锁触点损坏 2. 各机构限位开关触点出现问题 3. 自锁线路出现问题	1. 更换总接触器自锁触点 2. 检查各个限位开关(＝05-S90，＝10-S90，＝12-S90)的接线是否正确，触点是否正常 3. 检查自锁线路，即 39～55 之间的线路(图 5-3)

续表

故障现象	故障原因	处理方法
各控制机构启动运行时总接触器掉电	1. 各机构电动机主电路有漏电、接地、短路等问题 2. 过电流继电器过流调整值调整不到位 3. 大车聚电器与滑线接触不良，或滑线接头处松动，或滑线安装质量不好	1. 用兆欧表测量主电路有无漏电、接地问题。例如，利用500V兆欧表测量相间绝缘、绕组对地的绝缘，绝缘电阻值不得低于0.5MΩ。用电桥检测电动机有无短路问题 2. 调整过流继电器的过流值，通常调整为电动机额定电流的2.25倍 3. 检查安全滑线安装是否正常，接头处是否松动，聚电器安装是否到位。对于采取安全滑线供电方式的，一般应采用双聚电器供电
电动机空载正常，带负载不能启动	1. 电源电压过低 2. 电动机转子开路或电阻器出现问题 3. 电源线线径不够，且电源线又比较长，导致在电缆线上产生的压降比较大，从而使到电动机上的电源电压不足，造成电动机发热 4. 接线错误，定转子线接法或电动机接法错误，如将定子三角形误接为星形 5. 经常超载作业	1. 用万用表电压挡测量电压是否正常，调整为电动机需要的额定电压值 2. 检查转子有无开路现象，电阻器接线是否正确。可将转子电阻线从滑环上拆除，用万用表测量 例如：某集团一台MG16/3.2t门式起重机，其电动机为绕线式电动机，以转子串电阻方式进行控制，由于凸轮控制器直接控制，用户在使用中发现16t吊钩空载工作正常，在吊5t重的物品时吊不起来，并有下滑的现象。后经检查是由电阻器一相开路造成的(图5-2中Z3相Q0S处开路)，更正线路后一切工作正常 3. 更换大规格的电源线，或并加一根电源线 4. 检查定子、转子接线是否正确，电动机的星形接法与三角形接法是否正确 5. 禁止长期超载作业，加强对操作工操作技能的培训
绕线电动机启动时噪声大，启动完毕后正常	1. 电动机转子滑环处或电阻器的接线有短接现象 2. 电阻器有开路问题	例如：某地一台QD80/20t桥式起重机，在安装和使用过程中，电动机一直出现低速噪声很大，而高速运行时噪声消失的现象，用户多次查找均无法排除故障。后经电气技术人员仔细排查，发现电动机转子滑环处有两相短接问题(图5-2中Z1S与Z2S在电动机滑环处发生短接)，由于电动机启动过程中电阻器没有有效投入，造成三相不平衡，整改线路后工作正常

续表

故障现象	故障原因	处理方法
电动机只能一个方向旋转	电动机定子、转子线路接反	将电动机的定子线与转子线调换即可 例如：某公司一台 YZ74/20t 起重机，用户在调试中发现，大车运行的其中一个电动机只能往一个方向旋转，调换电动机定子相序后仍保持原方向不变。后经仔细检查发现，故障由电动机定子与转子接反所致

5.4.3　卫华标准起升 WHQS 和 QR_2S 控制屏电气控制系统

图 5-4 和图 5-5 为卫华标准起升 WHQS 控制屏的主回路工作原理图及控制回路电气原理图，原理可自行分析。

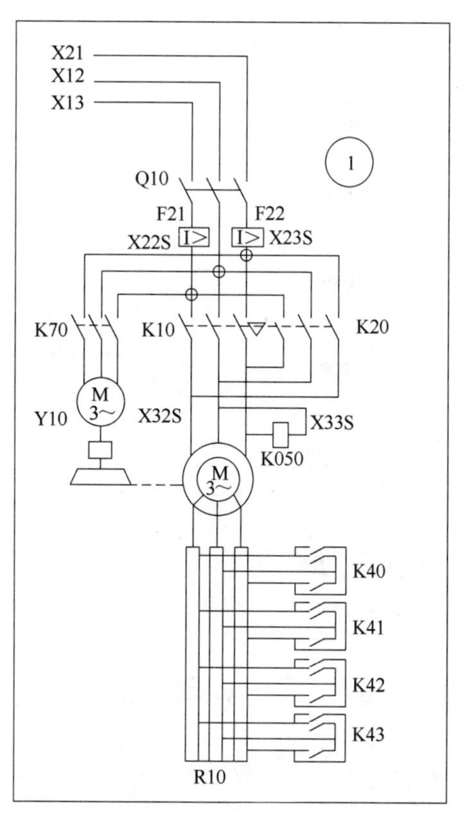

图 5-4　卫华标准起升 WHQS 控制屏的主回路工作原理图

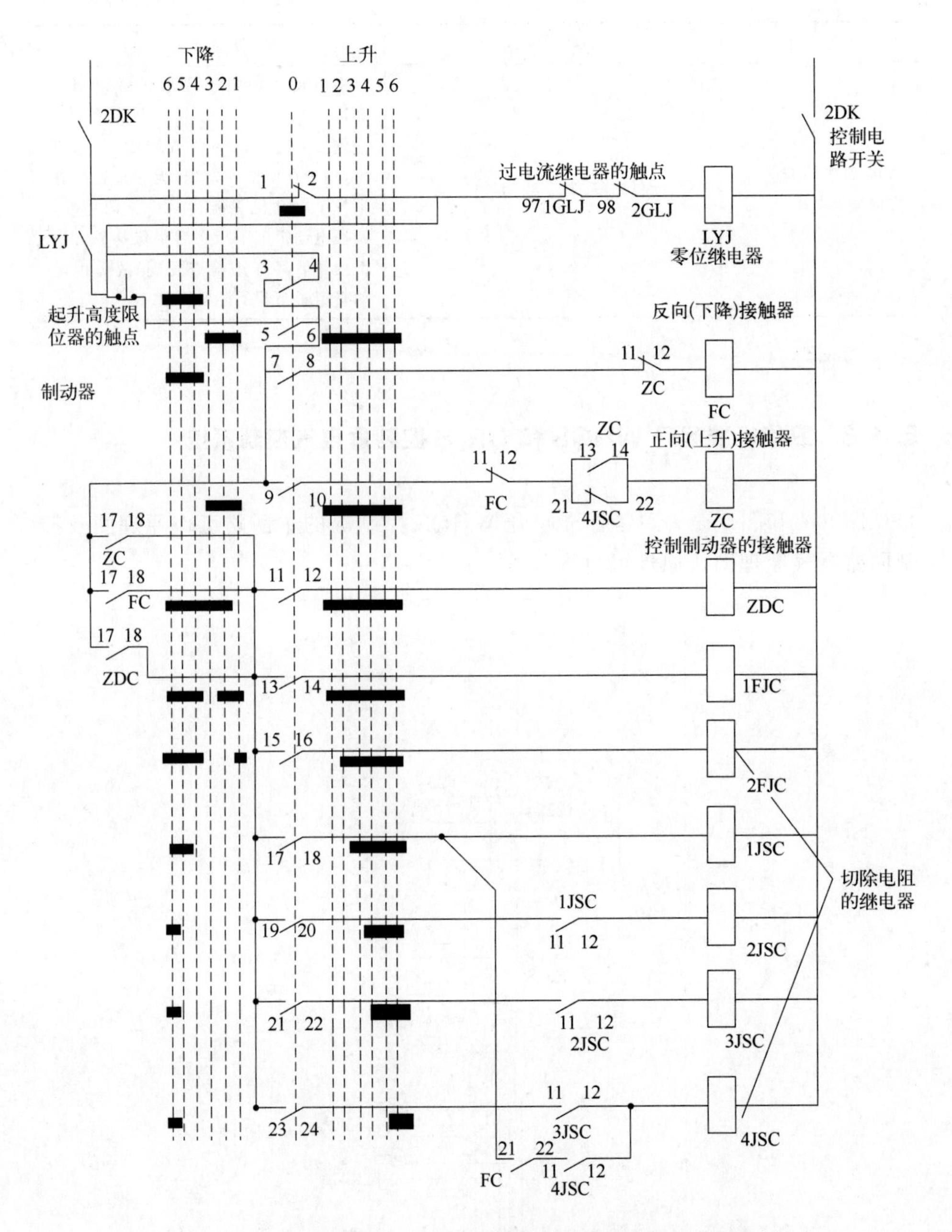

图 5-5　卫华标准起升 WHQS 控制屏的控制回路电气原理图

图 5-6 为卫华标准起升 QR_2S 控制屏电气原理图，其电路的工作原理介绍如下。

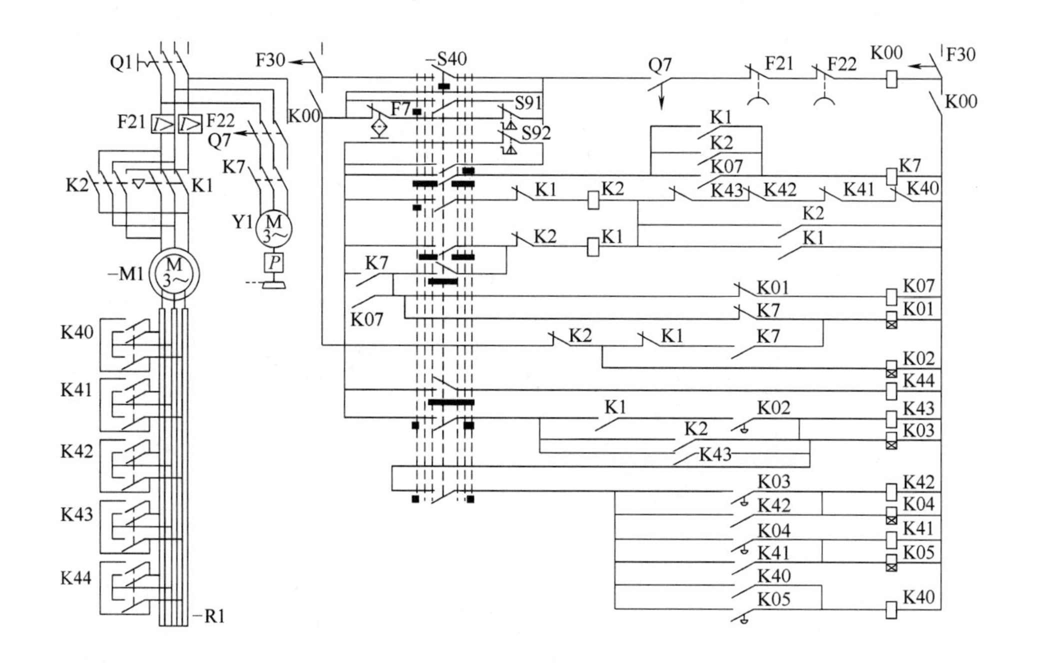

图 5-6　卫华标准起升 QR_2S 控制屏电气原理图

该电路采用主令控制器控制，电路为可逆不对称电路，上下方向各 3 个挡位，可随意切换挡位。上升一挡手动切除电阻，启动转矩约为 0.7N·m，二三挡时间继电器控制切除，二挡启动转矩 1.5N·m，用于启动过渡，三挡为高速运行。下降一挡为重载反接制动下降，轻载时上升，手动切除电阻，下降二挡为半截反接制动，串入全部电阻，三挡为再生制动下降，时间继电器切除自动电阻。手柄允许由下降三挡直接打回上升任何挡，反接制动减速后自动加速上升，在任何方向回到零位时，均是制动器先断电，电动机继续通电上升 0.6s 配合机械制动器，防止溜钩。接触器 K050 的两常闭触点串入升降接触器 K10 和 K20 的控制回路中，只有当手柄回到零位时 K050 控制点闭合，可防止正反转接触器切换过快时发生弧间短路而烧坏接触器的主触点。

5.4.4　卫华标准起升 WHQS 和 QR_2S 控制屏电路常见故障及处理方法

卫华标准起升 WHQS 和 QR_2S 控制屏电路常见故障及处理方法见表 5-5。

表 5-5　卫华标准起升 WHQS 和 QR2S 控制屏电路常见故障及处理方法

故障现象	故障原因	处理方法
重载时吊不动	1. 电动机转子回路缺相 2. 电阻器的电阻没有甩掉，如控制电阻的接触器线圈烧坏、延时继电器损坏等 3. 延时继电器的时间整定过长 4. 制动器未完全打开 5. 低挡操作 6. 电动机转子内部缺相或损坏 7. 电源电压过低或电源线的线径不够，造成压降过大	1. 检查转子线路或电阻器是否有开路现象 2. 检查接触器和时间继电器是否损坏 3. 检查延时继电器的时间整定是否过长 4. 检查制动器是否完全打开 5. 使用高挡操作 6. 检查电动机是否存在问题 7. 检查电源电压是否过低或电源线的线径是否不够
起升时吊钩不动作	1. 起升屏内电源没有电 2. 零位继电器不吸合 3. 起升的接触器不吸合 4. 制动器没有打开 5. 过流继电器整定值过小 6. 电动机定子电源缺相 7. 电动机损坏 8. 机械问题：如减速机损坏、轴断、制动轮或联轴器与轴配合的键条磨损等	1. 检查控制屏内的电源是否有电 2. 检查零位继电器是否吸合 3. 检查起升的接触器是否吸合 4. 检查制动器是否正常打开 5. 检查过流继电器的整定值是否过小 6. 检查电动机定子电源是否缺相 7. 检查电动机是否损坏 8. 检查机械故障
电阻器发红、起火	1. 因操作工操作不当，长期低挡作业，电阻器一直处于通电的工作状态，导致电阻器发红甚至着火 2. 电气调整不当，当反接制动的延时继电器 K040 调整过长时，对于卫华起升 WHQS 控制屏来说，在下降回到零位的过程中，电动机有一个短暂的反接制动上升的趋势，如果时间调整过长后，则电动机处于带电阻反接制动上升的工作状态，使电阻器在大电流的状态下通电发热发红；对于 QR2S 控制屏，则从下降回到零位时，制动器已制动，如果时间调整过长，则电动机仍处于反接制动的带电堵转状态，使电阻器长时间通电发热发红，甚至着火，进而烧毁电缆线	1. 操作人员应掌握起重机操作的技能，禁止长时间低挡作业，包括运行机构也是如此，建议对天车工进行操作技能的培训，使天车工持证上岗 2. 将延时继电器 K040 的时间调整为 0.6s。安装调试人员应掌握起重机电气控制和起重机应用知识，只有了解各机构的运行机理，才能参与调试工作。只有调试得当，才能使起重机的运行状态更加稳定、更加安全

5.5
变频调速电气控制系统工作原理及故障分析与处理

5.5.1　变频器控制原理

（1）变频器工作原理

通常，将电压和频率固定不变的工频交流电变换为电压或频率可变的交流电的装置称作变频器。

为了产生可变的电压和频率，该设备首先要将电源的交流电变换为直流电（DC），这个过程叫作整流。把直流电（DC）变换为交流电（AC）的装置称作逆变器（inverter）。

一般逆变器是将直流电源逆变为固定频率和一定电压的逆变电源，对于逆变为频率可调、电压可调的逆变器称为变频器。

变频器输出的波形是模拟正弦波，主要用于三相异步电动机调速，又叫变频调速器。

（2）控制方式

① 矢量控制。矢量控制是指将电动机的电流值进行分配，从而确定产生转矩的电动机电流分量和其他电流分量（如励磁分量）的数值。

矢量控制可以通过对电动机端的电压降的响应进行优化补偿，在不增加电流的情况下，允许电动机产出大的转矩。此功能对改善电动机低速时的温升也有效。

② V/F 控制

a. VVVF 是 Variable Voltage and Variable Frequency 的缩写，意为改变电压和改变频率，即变压变频。

b. CVCF 是 Constant Voltage and Constant Frequency 的缩写，意为恒电压和恒频率，即恒压恒频。

（3）常用参数说明

① 加减速时间。

② 最大频率、最小频率。

③ 转矩提升。通过增加变频器的输出电压，使电动机的输出转矩和输出电压的平方成正比关系增加，从而改善电动机的输出转矩。使用“矢量控制”方式，改善电动机低速输出转矩不足的问题，可以使电动机在低速时的输出转矩达到电动机在50Hz供电输出的转矩（最大约为额定转矩的150%）。

对于V/F控制，电动机的电压降随着电动机速度的降低而相对增加，这就导致由于励磁不足，电动机不能获得足够的旋转力。为了补偿这个不足，变频器需要通过提高电压来补偿电动机速度降低而引起的电压降。变频器的这个功能叫作“转矩提升”。

转矩提升功能是提高变频器的输出电压。然而即使提高输出电压，电动机转矩也不能和其电流相对应地提高。

④ 能耗制动。起重机在下降减速时，电动机的转速高于同步转速，能量（势能）也要返回到变频器（或电源）侧进行制动。这种操作方法被称作“再生制动”，而该方法可应用于变频器制动，这些功率必须用电阻发热消耗。为了改善制动能力，请选用“制动电阻”“制动单元”或“功率再生变换器”等选件来改善变频器的制动容量。

5.5.2 变频器在起重机上的应用

（1）变频器频率给定的方式

要调节变频器的输出频率，必须首先向变频器提供改变频率的信号，这个信号称为频率给定信号。调节变频器输出频率的具体方法，就叫作给定信号的方式。变频器频率给定的方式有以下几种。

① 面板给定方式：通过面板上的键盘或电位器进行频率给定（即调节频率）的方式。

② 外部给定方式：从外接输入端子输入频率给定信号，以调节变频器输出频率的大小。主要的外部给定方式如下所述。

a. 外接模拟量给定：通过外接给定端子从变频器外部输入模拟量信号（电压或电流）进行给定，并通过调节给定信号的大小来调节变频器的输出频率。

b. 数字量端子给定：通过外接开关量端子输入开关信号进行给定。

c. 通信给定：由PLC或计算机通过通信接口进行频率给定。

就起重机电气控制系统而言，工作中常采用外部给定方式。

（2）转速反馈矢量控制中编码器的相关功能

当变频器的控制方式预置为有反馈矢量控制方式时，转速测定是一个十分重要的环节，和变频器配用的测速装置大多采用旋转编码器。

和变频器配用的旋转编码器通常为二相（A相和B相）原点输出型，其输出信号分为两相：A相和B相。两者在相位上互差90°±45°。每旋转一转，编码器输出的脉冲数可根据情况选择。例如，TRD-J系列编码器的脉冲数为10～1000p/r，分16挡可选。

5.5.3　变频器硬件检测方法

（1）静态测试

① 测试整流电路。找到变频器内部直流电源的P端和N端，将万用表调到电阻×10挡，红表棒接到P端，黑表棒依次接到R、S、T，应该有几十欧的阻值，且基本平衡。相反，将黑表棒接到P端，红表棒依次接到R、S、T，应该有一个接近无穷大的阻值。将红表棒接到N端，重复以上步骤，都应得到相同结果。如果有以下结果，可以判定电路已出现异常：a. 阻值三相不平衡，说明整流桥故障；b. 红表棒接P端时，电阻无穷大，可以断定整流桥故障或启动电阻故障。

② 测试逆变电路。将红表棒接到P端，黑表棒分别接U、V、W，应该有几十欧的阻值，且各相阻值基本相同，反向应该为无穷大。将黑表棒接到N端，重复以上步骤应得到相同结果，否则可确定逆变模块故障。

（2）动态测试

在静态测试结果正常以后，才可进行动态测试，即接上电，试机。在上电前后必须注意以下几点：

① 上电之前，需确认电源主电路的输入及输出是否接反，输入电压是否有误，如误将输入和输出接反或将380V电源接入220V级变频器中，会出现炸机（炸电容、压敏电阻、模块等）。

② 检查变频器各个接口是否已正确连接，连接是否有松动，连接异常时有可能导致变频器出现故障，严重时会出现炸机等情况。

③ 上电后检测故障显示内容，并初步断定故障及原因。

④ 如未显示故障，首先检查参数是否有异常，并将参数复归后，在空载（不接电动机）情况下启动变频器，并测试U、V、W三相输出电压值。如出现缺相、三相不平衡等情况，则模块或驱动板等有故障。

⑤ 在输出电压正常（无缺相、三相平衡）的情况下，带载测试。测试时，最好是满负载测试。

5.5.4 变频器的常见故障及解决方法

变频器的常见故障及解决方法见表5-6。

表5-6 变频器的常见故障及解决方法

故障现象	故障原因	解决方法
上电跳闸或变频器主电源开关送不上电	变频器内部损坏或短路	检查变频器输入端子是否短路，检查变频器中间电路直流侧端子P、N是否短路。可能原因是整流器损坏或中间电路短路
上电后面板无显示	1. 变频器面板松动 2. 变频无电源 3. 变频器开关电源损坏 4. 整流回路故障	1. 检查面板是否松动 2. 检查是否有电源或缺相 3. 更换变频器的内部开关电源 4. 检查变频器中间电路直流侧端子P、N是否有电压，在电源电压(U_0)为380V时，400V级变频器的直流母线电压为$1.35U_0$，即513V左右
变频器运行电动机无输出	1. 参数设置错误 2. 主电路控制单元出现故障 3. 控制电路故障	1. 恢复出厂设定值，重新调试参数，确定电动机的功率、电流、转速、频率、控制方式、频率给定方式、加减速时间等，对电动机实施静态或动态监测 2. 联系变频器厂家，更换电器件 3. 检测控制电路
过电压保护，变频器停止输出	1. 电源电压高 2. 电动机负载惯性大，加减速时间过短 3. 电动机再生能量大，制动单元或制动电阻出现故障	1. 调整电源电压 2. 延长变频器加减速时间 3. 检查制动单元和制动电阻器
运行时过电流保护	1. 电动机功率、电流等设置错误 2. 电动机导线短路 3. 有接地故障 4. 加减速时间过短 5. 机械卡死或过载	1. 重新设置电动机参数，延长加减速时间 2. 检查电动机及导线，不得有短路或接地故障 3. 减轻负载或排除机械问题
欠电压故障	1. 供电电源故障 2. 负载过大，电源线选型小	1. 电源是否短时断电或瞬间电压低 2. 减轻负载或更改电源线型号

续表

故障现象	故障原因	解决方法
接地故障	1. 电动机接地 2. 电源线接地	用兆欧表测量电动机和电源线的绝缘度是否正常(大于0.5MΩ) 注意:测量时必须与变频器脱离,否则会损坏变频器
编码器反馈信号故障	1. 编码器或变频器接口卡损坏 2. 编码器电缆断线 3. 编码器屏蔽电缆接地不好	1. 更换编码器或变频器接口卡 2. 更换编码器电缆 3. 将编码器屏蔽电缆做接地处理
过热保护,变频器停止输出	环境温度过高,超过了变频器允许限额	检查散热风机是否运转或是否电动机过热导致保护关闭

目前所说的交流调速系统，主要是指电子式电力变换器对交流电动机的变频调速系统。变频调速系统以其优越于直流传动的特点，在很多场合中都被作为首选的传动方案。现代变频调速基本采用16位或32位单片机作为控制核心，从而实现全数字化控制，调速性能与直流调速基本相近，但使用变频器时，其维护工作要比直流复杂，一旦发生故障，企业的普通电气人员就很难处理。下面就变频器常见的故障分析一下故障产生的原因及处理方法。

(1) 参数设置类故障

常用变频器在使用中，是否能满足传动系统的要求，取决于变频器的参数设置，如果参数设置不正确，会导致变频器不能正常工作。

在常用变频器出厂时，厂家对每一个参数都有一个默认值，这些参数叫作工厂值。默认值情况下，用户能以面板操作方式正常运行变频器，但以面板操作并不能满足大多数传动系统的要求。所以，用户在正确使用变频器之前，要对变频器参数值进行以下调整。

① 确认电动机参数。变频器在参数中设定电动机的功率、电流、电压、转速、最大频率，这些参数可以从电动机铭牌中直接得到。

② 变频器采取的控制方式，即速度控制、转矩控制、PID控制或其他方式。采取控制方式后，一般要根据控制精度进行静态或动态辨识。

③ 设定变频器的启动方式。一般变频器在出厂时设定从面板启动，用户可以根据实际情况选择启动方式，可以用面板、外部端子、通信方式等几种。

④ 给定信号的选择。一般变频器的频率给定也可以有多种方式，如面板给定、外部给定、外部电压或电流给定、通信方式给定，或是这几种方式的组合。正确设置以上参数之后，变频器基本能正常工作，如要获得更好的控制效果，则只能根据实际情况修改相关参数。

一旦发生了参数设置类故障，变频器就不能正常运行，一般可根据说明书进行修改。如果以上都不行，最好是将所有参数恢复出厂值，然后按上述步骤重新设置。不同公司的变频器，其参数恢复方式也不相同。

(2) 过压类故障

变频器的过电压集中表现在直流母线的支流电压上。正常情况下，变频器直流电为三相全波整流后的平均值。若以380V线电压计算，则平均直流电压$U_{\mathrm{d}}=1.35U_{线}=513\mathrm{V}$。在发生过电压时，直流母线的储能电容将被充电，当电压升至760V左右时，变频器过电压保护动作。因此，对变频器来说，都有一个正常的工作电压范围，当电压超过这个范围时，很可能损坏变频器。常见的过电压有以下两类。

① 输入交流电源过压。这种情况是指输入电压超过正常范围，一般发生在节假日，负载较轻、电压升高或降低而导致线路出现故障，此时最好断开电源，检查、处理。

② 发电类过电压。这种情况出现的概率较高，主要是因为电动机的同步转速比实际转速还高，使电动机处于发电状态，而变频器又没有安装制动单元。有以下两种情况可以引起这一故障。

a. 当变频器拖动大惯性负载时，其减速时间设得比较小，在减速过程中，变频器输出的速度比较快，而负载靠本身阻力减速比较慢，使负载拖动电动机的转速比变频器输出的频率所对应的转速还要高，电动机处于发电状态，而变频器没有能量回馈单元，因而变频器支流直流回路电压升高，超出保护值，出现故障。在纸机中经常发生在干燥部分，处理这种故障可以增加再生制动单元，或者修改变频器参数，将变频器减速时间设得长一些。再生制动单元包括能量消耗型、并联直流母线吸收型、能量回馈型。能量消耗型即在变频器直流回路中并联一个制动电阻，通过检测直流母线电压来控制功率管的通断。并联直流母线吸收型使用在多电动机传动系统，这种系统往往有一台或几台电动机经常工作于发电状态，产生再生能量，这些能量通过并联母线被处于电动状态的电动机吸收。能量回馈型的变频器网侧变流器是可逆的，当有再生能量产生时，可逆变流器就将再生能量回馈给电网。

b. 多台电动机拖动同一个负载时，也可能出现这一故障，主要是由于没有负荷分配引起的。以两台电动机拖动一个负载为例，当一台电动机的实际转速大于另一台电动机的同步转速时，转速高的电动机相当于原动机，转速低的电动机处于发电状态，引起故障。在纸机中经常发生在压榨部及网部，处理时需加负荷分配控制。可以把处于纸机传动速度链分支的变频器特性调节得软一些。

(3) 过流类故障

过流类故障可分为加速、减速、恒速过电流。其可能是由于变频器的加减速时间太短、负载发生突变、负荷分配不均、输出短路等原因引起的。这时一般可通过延长加减速时间、减少负荷的突变、外加能耗制动元件、进行负荷分配设计、对线路进行检查等措施排除故障。如果断开负载变频器，还存在过流类故障，说明变频器逆变电路已损坏，需要更换变频器。

（4）过载类故障

过载类故障包括变频过载和电动机过载。其可能是由加速时间太短、直流制动量过大、电网电压太低、负载过重等原因引起的。一般可通过延长加速时间、延长制动时间、检查电网电压等措施排除故障。负载过重，所选的电动机和变频器不能拖动该负载；也可能是由于机械润滑不好引起的。如果是前者，则必须更换大功率的电动机和变频器；如果是后者，则要对生产机械进行检修。

（5）其他故障

① 欠压。说明变频器电源输入部分有问题，需检查后才可以运行。

② 温度过高。如果电动机有温度检测装置，检查电动机的散热情况；变频器温度过高，检查变频器的通风情况。

③ 其他情况。如硬件故障、通信故障等，可以同供应商联系。

5.6 几种常见变频器的使用及故障处理

5.6.1 ABB 变频器 ACS800 系列

（1）变频器操作面板（图 5-7）

① 上电后，按下[LOC/REM]键，直到屏幕上显示“L”，表示处于本地模式。

② 键盘上的[启动]键代表启动，[停止]键代表停止。

③ 在停机状态下按[0]键表示电动机反方向运行，再按[1]键，电动机将按照与原来相反的方向运行。

④ 按下[REF]键，将进入频率设置界面。

⑤ 按[▲] [▼]键将慢速改变变频器的运行频率，按[快速▲][快速▼] 键将快速改变变

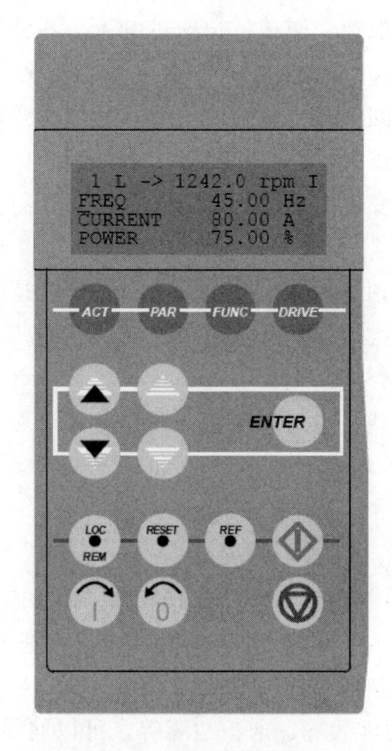

图 5-7 变频器操作面板

频器的运行频率，范围是 0～50Hz。

⑥ 按下(ACT)键，屏幕上将显示变频器的一些基本信息。

(2) ABB 变频器常见故障及解决方法（表 5-7）

表 5-7 ABB 变频器常见故障及解决方法

故障现象	故障原因	解决方法
ABB 变频器直流过电压	1. 减速时间过短 2. 制动单元或过压控制器参数设置错误 3. 主回路供电电压有瞬态过电压 4. 制动斩波器或制动电阻故障 5. ACS800 内部 AINT 板故障 6. 一般传动使用浮地网络，可能接地故障	1. 延长减速时间(参数 22.01) 2. 检测参数设置，对于 ACS800 变频器，检查参数 22.05 是否设置为 OFF 关闭状态，27.01 制动斩波器是否设置为 ON 打开状态；ACC800 变频器检查 20.06 和 27.01 设置是否正确 3. 检查电路电压 4. 检查制动斩波器和制动电阻是否正常 5. 由专业技术人员更换电路板

续表

故障现象	故障原因	解决方法
ACC800 提升用变频器，在低速上升时都要有一个下降的动作	1. 加速时间和制动器释放时间没有结合起来进行调整 2. 编码器的反馈有问题	1. 检查变频器 67 组制动控制参数设置是否为合适值 2. 检查编码器连接轴是否有松动，信号电缆屏蔽接地是否完好
提升机下降频繁，变频器制动单元爆炸	1. 制动单元与制动电阻器不匹配 2. 回馈时直流母线电压过高，制动单元阈值设定过低，电阻过热，能量消耗不掉 3. 制动电阻器没有投入工作	1. 合理匹配制动单元和制动电阻器 2. 检查 20.06 和 27.01 设置值是否正确 3. 检查电阻器是否损坏
起升机构变频器（ACC800）停车时负载下滑，有溜钩现象	1. 机械制动器调整不到位 2. 变频器参数设置错误引起	1. 检查调整机械制动器 2. 检查变频器参数设置；检查 14 组继电器输出参数，起升应设置为控制机械制动（BRAKE LIFT）；检查 21 组启动/停车励磁时间，一般设置为电动机功率乘以 4ms；检查 65 组参数设定值；检查 66 组转矩验证参数设定值；检查 67 组机械制动控制参数设定值
起升机构吊不起额定负载	1. 电动机功率小 2. 变频器参数设置问题	1. 检查电动机功率是否能满足负载功率 2. 将变频器恢复出厂设置后重新设置变频器参数，对 99 组参数进行设置后，必须实施电动机的动态或静态辨识，99.04 应设置为直接转矩控制（DTC）；98.01 激活脉冲编码器的使用，参照编码器说明书设置 50 组参数

5.6.2　西门子 MM440 变频器

（1）西门子 MM440 变频器操作面板（图 5-8）

① 按Ⓟ键显示 r0000。

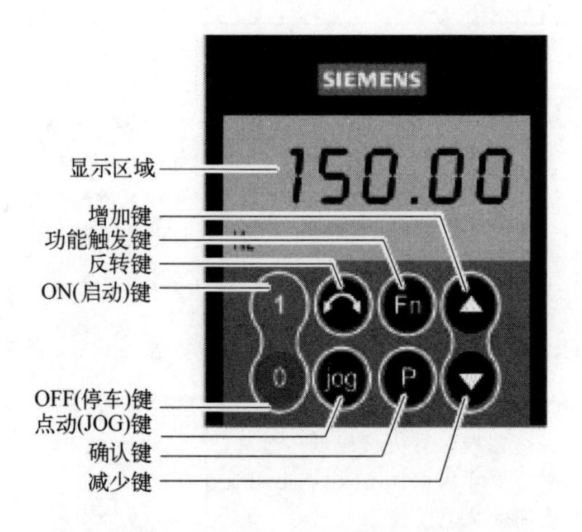

图 5-8 西门子 MM440 变频器操作面板

② 按▲键显示 P0700。

③ 按P键显示 in000。

④ 按P键显示 0～6。

⑤ 按▲▼键调整到 1。

⑥ 按P键保存并退出。

⑦ 按▲键显示 P1000。

⑧ 按P键显示 in000。

⑨ 按▲▼键调整到 1。

⑩ 按P键保存并退出。

⑪ 按Fn键显示 r0000。

⑫ 按P键显示当前设定频率。

⑬ 键盘上的绿色键I代表启动，红色键0代表停止。

⑭ 在停机状态下按“反转键”来改变电动机方向，再按启动键I，电动机将按照与原先相反的方向运行。

⑮ 按▲▼键将改变变频器的运行频率。

图 5-9 为 MM440 变频器端子控制接线图。

(2) 西门子 MM440 变频器常见故障及解决方法（表 5-8）

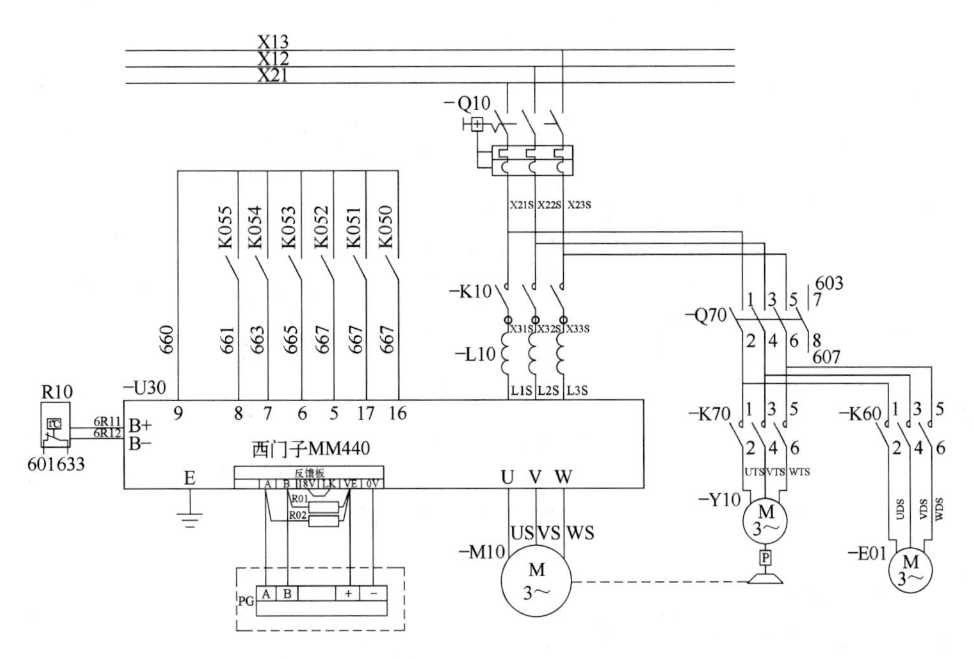

图 5-9　MM440 变频器端子控制接线图

表 5-8　西门子 MM440 变频器常见故障及解决方法

故障现象	故障原因	解决方法
西门子 M440 变频器上电无任何显示	1. 变频无电源 2. 整流回路故障 3. 变频器开关电源损坏	1. 检查电路电源是否正常 2. 通过变频器硬件检测或利用电压表测量直流回路电压等方法判断整流回路是否正常 3. 由专业技术人员更换开关电源
西门子变频器 MM440 上电后，面板显示 P---	1. BOP 面板接口接触不良或损坏 2. 变频器内部电路板存在问题	1. 重新安装 BOP 面板或更换 2. 由专业技术人员进行更换
变频器上电后炸机	1. 变频器输出端短路 2. 制动电阻接地 3. 变频器输入和输出端子线接反	1. 用万用表测量有无短路现象 2. 用兆欧表测量绝缘电阻 3. 由专业技术人员进行维修
西门子变频器端子控制只能正转，不能反转	1. 参数 P701～P702 设置 2. 控制回路接线故障	检查 P701～P702 的参数设置

续表

故障现象	故障原因	解决方法
变频器减速出现过电压故障	1. 减速时间过短 2. 电动机再生能量大，制动单元或制动电阻器出现故障 3. 制动电阻器接线错误 4. 变频器参数设置不正确	1. 加大 P1120 和 P1121 的时间 2. 检查制动单元或制动电阻器功率和阻值 3. 检查制动单元和制动电阻器的接线 4、检查 P1237 和 P1240 的设置值
吊钩重载上升，吊不起负载	1. 负载过重 2. 变频器参数错误	1. 减轻负载 2. 调整变频器参数
变频器下降时溜钩	1. 机械制动器调整不到位 2. 变频器参数设置不合适	1. 重新调整制动器 2. 调整变频器参数

（3）MM440 变频器编码器注意事项

① 编码器与编码器模板之间的连线需采用双绞屏蔽电缆，屏蔽层必须与模板的屏蔽端子相连。

② 信号电缆必须与动力电缆分开布置。

③ 需要根据编码器类型正确设置拨码开关的位置，见图 5-10。

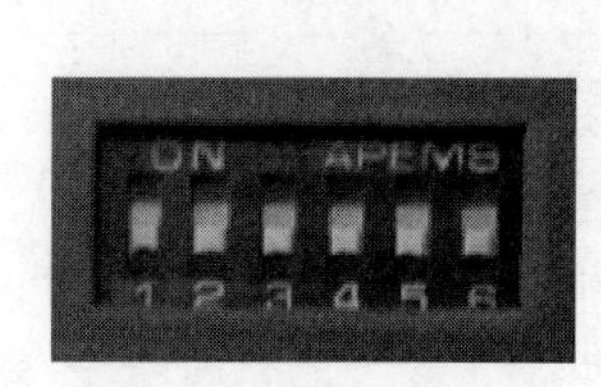

DIP-开关	1	2	3	4	5	6
编码器的类型						
TTL单端输入	ON	ON	ON	ON	ON	ON
TTL差动输入	OFF	ON	OFF	ON	OFF	ON
HTL单端输入	ON	OFF	ON	OFF	ON	OFF
HTL差动输入	OFF	OFF	OFF	OFF	OFF	OFF

图 5-10　拨码开关

④ 编码器端子说明：在 MM440 变频器上连接 A、AN、B、BN 脉冲。编码器端子说明见表 5-9。

表 5-9　编码器端子说明

端子	说明
A	通道 A
AN	通道 A 取反
B	通道 B
BN	通道 B 取反
Z	零脉冲(不用。参看前面的说明)

续表

端子	说明
ZN	零脉冲取反(不用。参看前面的说明)
18V	HTL 连接端子(仅指端子 LK & 18V)
LK	轴编码器的电源电压
5V	TTL 连接端子(仅指端子 LK & 5V)
VE	轴编码器的电源
0V	轴编码器的电源
PE	保护接地

模板接线图实例如图 5-11 所示。

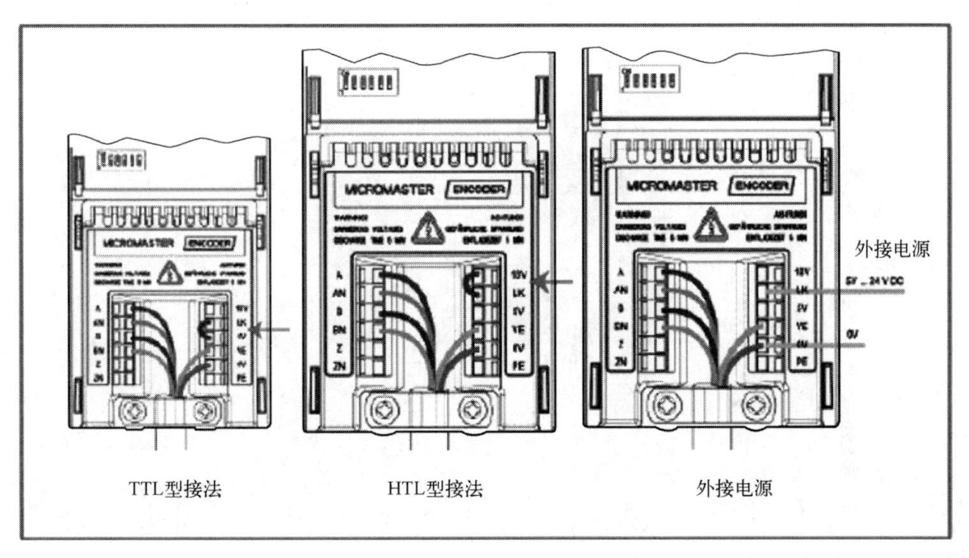

图 5-11　模板接线图实例

对于集电极开路型编码器，通常不提供 R_1 这个电阻，需要外电路来实现上拉电平或下拉电平，如图 5-12 所示。

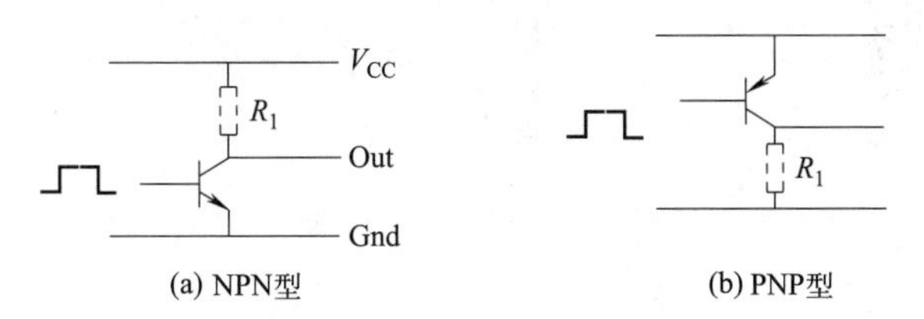

图 5-12　集电极开路型编码器

5.6.3 三菱变频器 FR-F700 系列

（1）变频器操作面板（图 5-13）

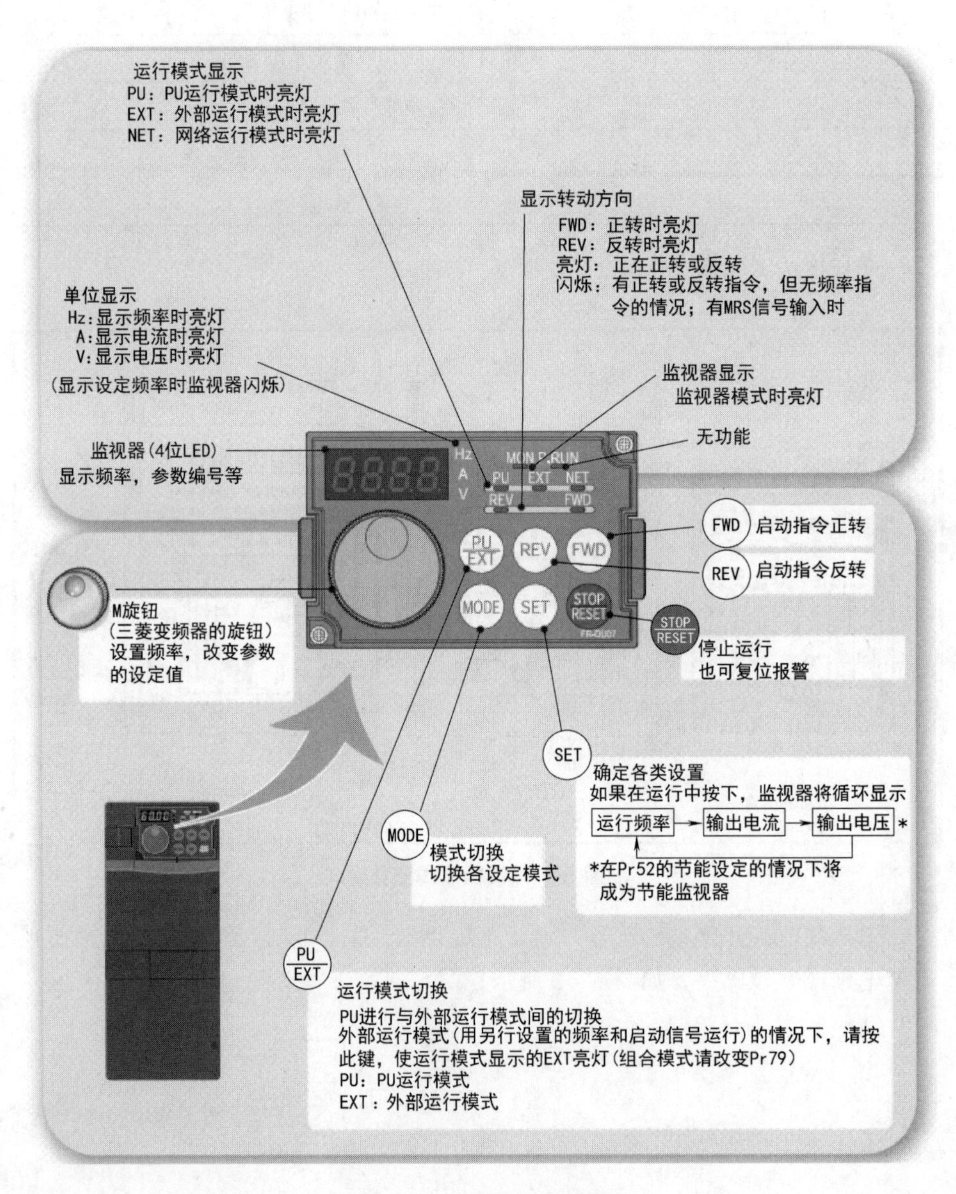

图 5-13 变频器操作面板

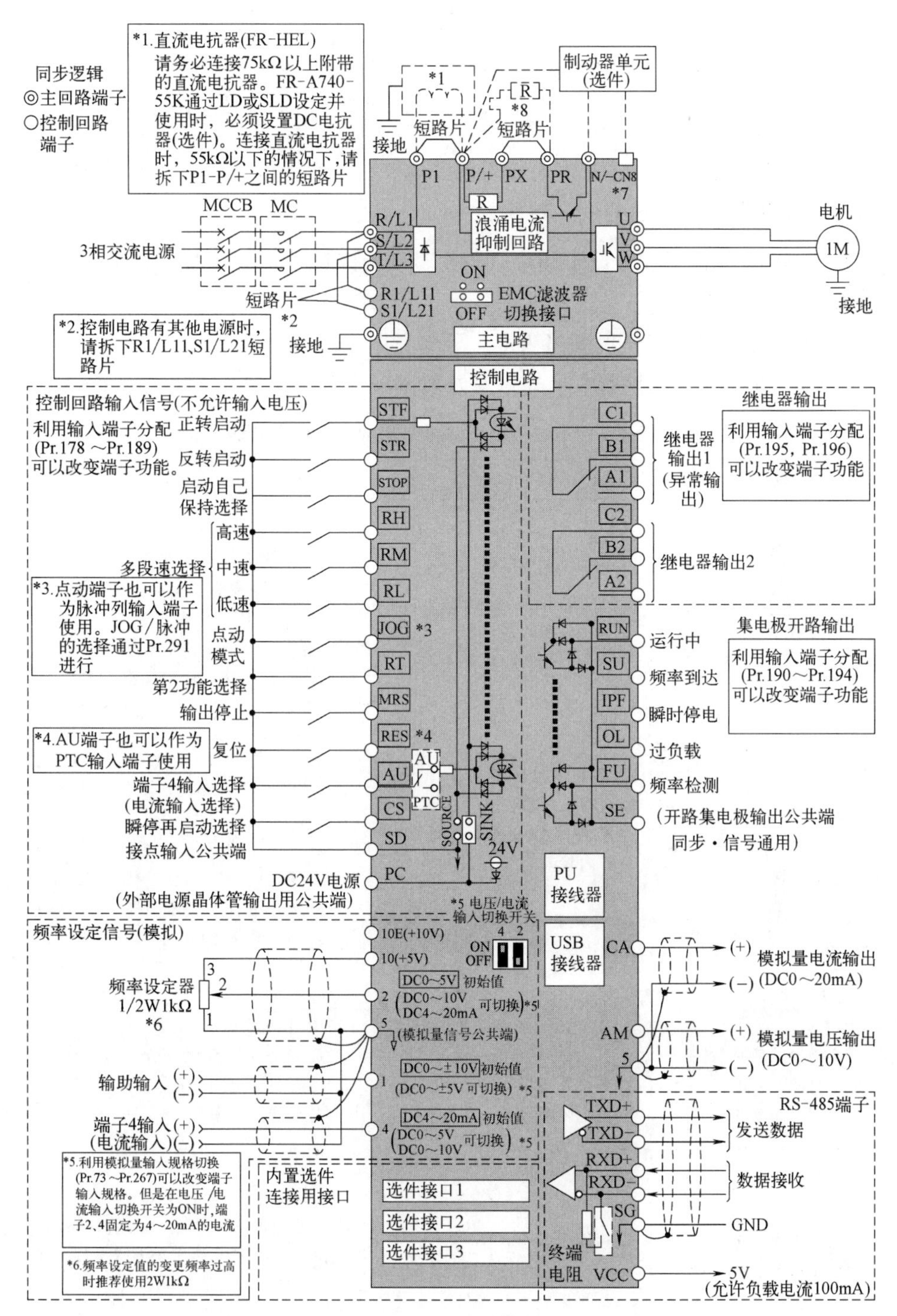

*1.直流电抗器(FR-HEL)
请务必连接75kΩ以上附带的直流电抗器。FR-A740-55K通过LD或SLD设定并使用时，必须设置DC电抗器(选件)。连接直流电抗器时，55kΩ以下的情况下，请拆下P1-P/+之间的短路片
同步逻辑
◎主回路端子
○控制回路端子
制动器单元(选件)
短路片
接地
P1
P/+
PX
PR
N/-
CN8
*7
*8
MCCB
MC
R/L1
S/L2
T/L3
3相交流电源
浪涌电流抑制回路
U
V
W
电机
1M
接地
R1/L11
S1/L21
EMC滤波器切换接口
ON
OFF
*2
*2.控制电路有其他电源时，请拆下R1/L11、S1/L21短路片
主电路
控制电路
控制回路输入信号(不允许输入电压)
利用输入端子分配(Pr.178～Pr.189)可以改变端子功能。
正转启动
反转启动
启动自己保持选择
高速
中速
低速
多段速选择
*3.点动端子也可以作为脉冲列输入端子使用。JOG/脉冲的选择通过Pr.291进行
点动模式
第2功能选择
输出停止
*4.AU端子也可以作为PTC输入端子使用
复位
端子4输入选择(电流输入选择)
瞬停再启动选择
接点输入公共端
DC24V电源(外部电源晶体管输出用公共端)
STF
STR
STOP
RH
RM
RL
JOG
RT
MRS
RES
AU
CS
SD
PC
PTC
SOURCE
SINK
24V
继电器输出
C1
B1
A1
C2
B2
A2
继电器输出1(异常输出)
继电器输出2
利用输入端子分配(Pr.195，Pr.196)可以改变端子功能
集电极开路输出
RUN
SU
IPF
OL
FU
SE
运行中
频率到达
瞬时停电
过负载
频率检测
利用输入端子分配(Pr.190～Pr.194)可以改变端子功能
(开路集电极输出公共端同步·信号通用)
PU接线器
USB接线器
*5 电压/电流输入切换开关
频率设定信号(模拟)
10E(+10V)
10(+5V)
频率设定器 1/2W1kΩ
*6
DC0～5V 初始值
DC0～10V
DC4～20mA 可切换
(模拟量信号公共端)
输助输入
DC0～±10V 初始值
(DC0～±5V 可切换)
端子4输入(电流输入)
DC4～20mA 初始值
DC0～5V
DC0～10V 可切换
*5.利用模拟量输入规格切换(Pr.73～Pr.267)可以改变端子输入规格。但是在电压/电流输入切换开关为ON时，端子2、4固定为4～20mA的电流
*6.频率设定值的变更频率过高时推荐使用2W1kΩ
内置选件连接用接口
选件接口1
选件接口2
选件接口3
CA
AM
模拟量电流输出(DC0～20mA)
模拟量电压输出(DC0～10V)
RS-485端子
TXD+
TXD-
RXD+
RXD-
SG
VCC
发送数据
数据接收
GND
终端电阻
5V(允许负载电流100mA)

图 5-14　参数功能

① 上电后按(PU/EXT)键，直到PU指示灯亮。

② 按(FWD)键正转，FWD指示灯亮。

③ 按(REV)键反转，REV指示灯亮。

④ 按(STOP/RESET)键停止，REV和FWD指示灯灭。在运行过程中按下相反方向的按键，变频器将在减速到0后再改变方向。

⑤ 旋转旋钮直接设定频率，频率显示会闪烁5s，在闪烁时按下(SET)键，新频率将会被设定。

⑥ 具体参数功能以说明书为准。可参考图5-14。

(2) FR-A700变频器常见故障及处理方法（表5-10）

表5-10 FR-A700变频器常见故障及处理方法

故障现象	故障原因	处理方法
变频器无法实施闭环控制	1. 变频器选件卡A7AP选择开关(SW1\SW2)设置不正确 2. 编码器参数设置错误 3. 编码器反馈信号误差太大	1. 参照编码器说明书正确设置A7AP选择开关,参照图5-15进行设置 2. 检查变频器参数Pr359编码器的方向是否正确;Pr369脉冲数是否正确;Pr367速度反馈范围设置是否太小 3. 检查编码器屏蔽电缆有无断线现象,接地是否完好
变频器内部制动电阻器烧坏	1. 内部制动电阻器功率小,在频繁制动的场合无法使用 2. 变频器参数设置不正确,对于变频器内置制动电阻器再生制动使用率设置过高 3. 使用外部制动电阻器时,变频器内部电阻同时工作	1. 对于起重机的工作级别和环境,通常需合理匹配外部制动电阻器才能满足使用要求 2. 对于使用内部制动电阻器的变频器,参数Pr70值不应设置得太高 3. 如使用外部制动电阻器,7.5kW以下的变频器,必须将PR与PX之间的短路片拆掉(图5-16),否则将烧坏内置电阻器
变频器减速时,过电压故障E.0V3	1. 变频器制动电阻器使用率设置太小 2. 参数设置不当 3. 制动电阻器没投入使用	1. 调整Pr70设置值 2. 检查Pr30设置值,设置为1 3. 检查制动电阻器的接线是否正确,功率、阻值是否正确
变频器无法运行,面板显示无故障	1. 变频器无运行信号 2. 变频器没有设置频率指令值	1. 检查变频器STF/STR是否有指令输入。检查方法:将参数Pr52=55监视LED显示(图5-17),通过变频器面板可以监视变频器输入端子的状态,以此判断变频器指令输入是否正常 2. 检查参数Pr4、Pr5、Pr6是否设置频率指令

续表

故障现象	故障原因	处理方法
司机室操作主令控制器后电动机不启动	1. 电源故障 2. 启动信号没有输入或正反向信号同时输入 3. 频率设定信号为零 4. 负载过大 5. 变频器参数设置错误或变频器处于本地控制模式	1. 检查电源是否正常，有无缺相或断路现象 2. 检查输入信号，通过面板指示灯做进一步判断，对于多段速输入指令和频率设定方法，可参照问题“变频器无法运行，面板显示无故障”的方法进行排除 3. 检查机械部分有无卡阻问题，机械抱闸是否打开 4. 检查变频器参数 Pr79 设定值是否禁止外部运行模式，通常设置为 0（外部/PU 切换模式），观察操作面板 EXT 灯是否亮，通过PU/EXT键可以切换为外部或本地工作状态
变频器起升启动、停止时，负载下滑	1. 制动器调整不到位 2. 变频器参数设置不当 3. 变频器制动序列参数设置不当	1. 调整机械制动器 2. 调整变频器参数，对电动机实施动态自学习 3. 检查变频器内部输出继电器设定值是否正确，对于起升机构，通常设定为 20（制动开启要求），满足设定条件后，制动器才能打开，防止电动机建立力矩前抱闸打开，重物溜钩 4. 变频器输出继电器设置为制动开启要求后，检查参数 Pr278～Pr285 的设定值是否合适
电动机只能一个方向旋转	变频器参数设置不当	检查变频器参数 Pr78 的设定值，应设定为 0，正向反向都允许运行

三菱FA-700变频器与PLG之间的连接

(3) 关于FR-A7AP的开关

- PLG规格选择开关（SW1）
  进行差动线驱动器，互补的选择。
  初始状态为差动线驱动器。请根据输出回路进行切换。

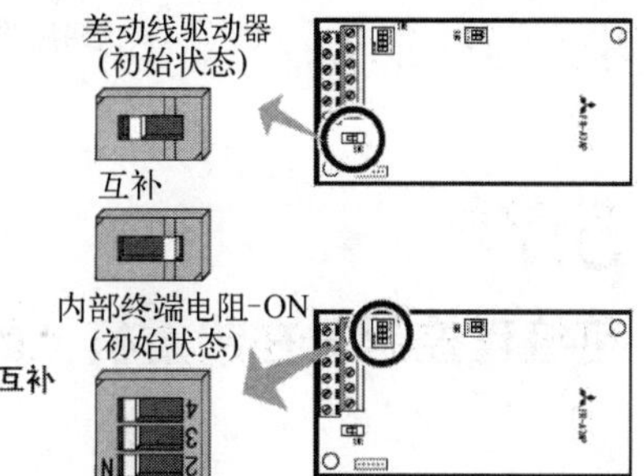

- 终端电阻选择开关（SW2）
  进行内部终端电阻的ON/OFF的选择。
  PLG输出类型为差动线驱动器时请设成“ON”（初始状态），为互补时请设成“OFF”。
  ON：有内部终端电阻（初始状态）。
  OFF：无内部终端电阻。

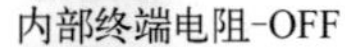

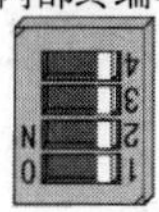

备注

- 所有的开关请采用相同设定（ON/OFF）。
- 差动线驱动器方式下将同一PLG与其他单元（NC 等）共用时，如其他单元连接有终端电阻器，请设成“OFF”。

图 5-15　三菱 FA-700 变频器与 PLG 之间的连接

●5.5kW，7.5kW

①拆下端子PR和端子PX的螺钉，取下短路片。

②在端子P/+，PR上连接制动电阻器（已拆下短路片）。

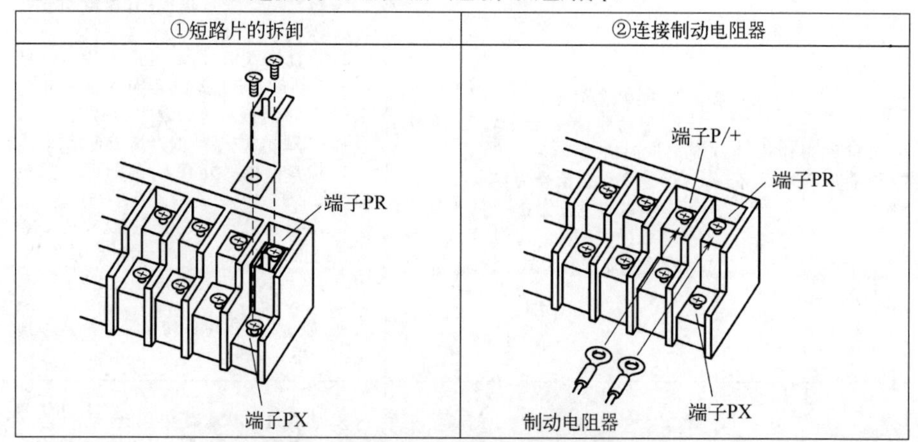

图 5-16　7.5kW 以下制动电阻器的连接

Pr.52 设定值	监视器内容
55	显示变频器主机的输入和输出端子的ON/OFF状态
56 *	显示数字输入选件（FR—A7AX）的输入端子的ON/OFF状态
57 *	显示数字输出选件（FR—A7AY）、继电器输出选件（FR—A7AR）的输出端子的ON/OFF状态

* 设定值“56，57”即使不安装选件也能够设定。不安装选件时，监视器显示全部置于OFF状态。

·主机输入输出端子监视器（Pr52＝“55”）：在LED的上部显示输入端子的状态，下部显示输出端子的状态。

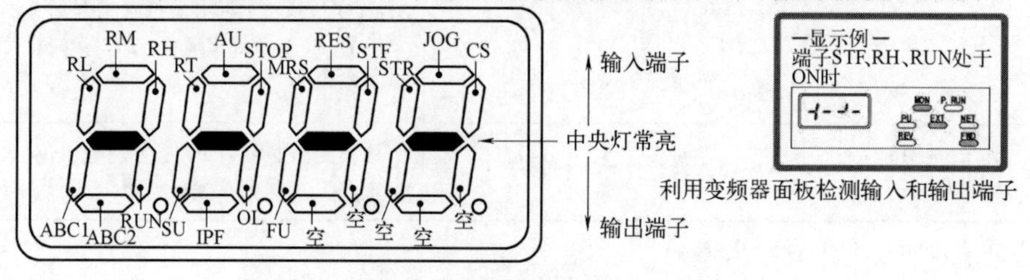

图 5-17　利用变频器面板检测输入、输出端子

5.7
可编程控制器在起重机上的应用与故障处理

5.7.1　西门子 S7-300 系列 PLC

（1）PLC 常见故障

① PLC 硬件故障。PLC 的硬件故障较为直观地就能发现，维修的基本方

法就是更换模块。根据故障指示灯和故障现象判断故障模块是检修的关键，盲目更换会带来不必要的损失。

a. 电源模块故障。S7-300PLC 的电源模块，其上面的工作指示灯有“AC”“24VDC”“5VDC”“BATT”“BF”“SF”等，哪一个灯的颜色发生了变化（或闪烁或熄灭）就表示哪一部分的电源有问题。“AC”灯表示 PLC 的交流总电源，“AC”灯不亮时多半是无工作电源，这时就应该检查电源电压是否正常。“5VDC”“24VDC”灯熄灭表示无相应的直流电源输出，如果输入正常而无输出电源，则说明模块损坏。“BATT”变色灯是后备电源指示灯，绿色表示正常，黄色表示电量低，红色表示故障。黄灯亮时应该更换后备电池，2～3 年更换一次锂电池。红灯亮时表示后备电源系统故障，也需要更换整个模块。

b. I/O 模块故障。输入模块一般由光电耦合电路组成；输出模块根据型号不同，有继电输出、晶体管输出、光电输出等。每一点的输入/输出都有相应的发光二极管指示。有输入信号但该点不亮或确定有输出但输出灯不亮时，应该怀疑 I/O 模块有故障。输入和输出模块有 6～24 点，如果只是因为一个点的损坏就更换整个模块，在经济上不划算。通常的做法是找备用点替代，然后在程序中更改相应的地址。更换输入模块或输出模块，要在 PLC 断电的情况下进行，S7-300PLC 带电插拔模块是绝对不允许的。

c. CPU 模块故障。通用型 S7-300 PLC 的 CPU 模块上往往包括通信接口、EPROM 插槽、运行开关等，故障的隐蔽性更大。因为更换 CPU 模块的费用很高，所以对它分析、判断要十分仔细。在输入正常而无输出时，可以通过 PC 监视 PLC 程序、利用硬件诊断功能判断 CPU 故障的原因等方法进行排除。

② 外围线路故障。故障出现在外围线路，外围线路由现场输入信号和现场输出信号，以及导线和接线端子等组成。接线松动、元器件损坏、机械故障、干扰等均可引起外围电路故障。

（2）S7-300PLC 硬件的更换

① 更换框架。

a. 切断 AC 电源。

b. 从框架的上端拔下接线端子排，由右端开始拆卸。

c. 拔掉所有的 I/O 模块。如果原先在安装时有多个工作回路，不要搞乱 I/O 的接线，并记下每个模块在框架中的位置，以便重新插上时不至于搞错。

d. 卸去底部的两个固定框架的螺钉，松开上部两个螺钉，但不用拆掉。

e. 将框架向上推移一下，然后将框架向下拉出来放在旁边。

f. 将新的框架从顶部螺钉上套进去。

g. 装上底部螺钉，将四个螺钉都拧紧。

h. 插入 I/O 模块，注意位置要与拆下时一致。

如果模块插错位置，将会引起控制系统危险的或错误的操作，但不会损坏模块。

i. 在框架右边的接线端上重新接好电源接线，再盖上电源接线端的塑料盖。

j. 检查一下电源接线是否正确，然后再通上电源。仔细地检查整个控制系统的工作，确保所有的 I/O 模块位置正确，程序没有变化。

② CPU 模块的更换。

a. 切断电源，如插有编程器，把编程器拔掉。

b. 向中间挤压 CPU 模块面板的上下紧固扣，使它们脱出卡口。

c. 把模块从槽中垂直拔出。

d. 如果 CPU 上装着 EPROM 存储器，把 EPROM 拔下，装在新的 CPU 上。

e. 将印制电路板对准底部导槽，将新的 CPU 模块插入底部导槽。

f. 轻微晃动 CPU 模块，使 CPU 模块对准顶部导槽。

g. 把 CPU 模块插进框架，直到两个弹性锁扣扣进卡口。

h. 重新插上编程器，并通电。

i. 在对系统编程初始化后，把录在磁带上的程序重新装入。检查一下整个系统的操作。

③ I/O 模块的更换。

a. 切断框架和 I/O 系统的电源。

b. 卸下 I/O 模块接线端上的塑料盖。拆下有故障模块的现场接线。

c. 拆去 I/O 接线端的现场接线或卸下可拆卸式接线插座，这要视模块的类型而定。给每根线贴上标签或记下安装连线的标记，以便于将来重新连接。

d. 向中间挤压 I/O 模块的上下弹性锁扣，使它们脱出卡口。

e. 垂直向上拔出 I/O 模块。

5.7.2 西门子 S7-200 系列 PLC

（1）S7-200PLC 外形（图 5-18）

（2）利用 PLC 面板指示灯查找基本故障

① PLC 电源灯是否亮？如果不亮，在采用交流电源框架的电压输入端检

图 5-18 S7-200PLC 外形

查电源电压；对于需要直流电压的框架，测量＋24VDC 端和 0VDC 端之间的直流电压，如果是不合适的交流或直流电源，则问题可能发生在 PLC 本体之外。如果交流或直流电源电压正常，但 PWR 灯不亮，检查熔丝，如有必要，则更换 CPU 框架。

② RUN 指示灯是否亮？如果不亮，检查 PLC 开关位置是否为 ON，如为 ON 位置，RUN 灯不亮，并且 PLC 没有输出，则需要更换 CPU 模块。

③ BATT（电池）灯是否亮？如果亮，则需要更换锂电池。由于 BATT 灯只是报警信号，即使电池电压过低，程序也可能尚没改变。更换电池后，检查程序或使 PLC 试运行。如程序不正常，则需要重新传输程序。

④ 在多框架系统中，如果 CPU 是工作的，可用 RUN 继电器来检查其他几个电源的工作。如果 RUN 继电器未闭合（高阻态），则检查交流或直流电源，若交流或直流电源正常而继电器是断开的，则需要更换框架。

（3）一般查找故障步骤

查找故障的最好工具就是用户感觉和经验。首先，插上编程器，并将开关打到 RUN 位置，然后按下列步骤进行。

① 如果 PLC 停止在某些输出被激励的地方，一般是处于中间状态，则查找引起下一步操作发生的信号（输入、定时器、鼓轮控制器等）。编程器会显示那个信号的 ON/OFF 状态。

② 将编程器显示的状态与输入模块的 LED 指示作比较，结果不一致，则更换输入模块。如果发现在扩展框架上有多个模块要更换，那么在更换模块之前，应先检查 I/O 扩展电缆和它的连接情况。

③ 如果输入状态与输入模块的 LED 指示一致，就要比较一下发光二极管与输入装置（按钮、限位开关等）的状态。如两者不同，测量一下输入模块，若发现有问题，需要更换 I/O 装置，现场接线；否则，要更换输入模块。

（4）控制系统中的干扰及其来源

现场电磁干扰是PLC控制系统中最常见也是最易影响系统可靠性的因素之一，所谓治标先治本，找出问题所在，才能提出解决问题的办法。因此必须知道现场电磁干扰的源头。

① 干扰源及一般分类。影响PLC控制系统的干扰源，大都产生在电流或电压剧烈变化的部位，其原因是电流改变产生磁场，对设备产生电磁辐射；磁场改变产生电流，电磁高速产生电磁波。通常电磁干扰按干扰模式不同，可分为共模干扰和差模干扰。

a. 共模干扰：它是信号对地的电位差，主要由电网串入、地电位差及空间电磁辐射在信号线上感应的共态（同方向）电压叠加所形成的。共模电压通过不对称电路可转换成差模电压，直接影响测控信号，造成元器件损坏（这就是一些系统I/O模件损坏率较高的主要原因），这种共模干扰可为直流，亦可为交流。

b. 差模干扰：是指作用于信号两极间的干扰电压，主要是由空间电磁场在信号间耦合感应及由不平衡电路转换共模干扰所形成的电压，这种干扰叠加在信号上，直接影响测量与控制精度。

② PLC系统中干扰的主要来源及途径。

a. 强电干扰：PLC系统的正常供电电源均由电网供电。由于电网覆盖范围广，它将受到所有空间电磁干扰而在线路上感应电压。尤其是电网内部的变化，如刀开关操作浪涌、大型电力设备启停、交直流传动装置引起的谐波、电网短路暂态冲击等，都通过输电线路传到电源边。

b. 柜内干扰：控制柜内的高压电器、大的电感性负载、混乱的布线都容易对PLC造成一定程度的干扰。

c. 来自信号线引入的干扰：与PLC控制系统连接的各类信号传输线，除了传输有效的各类信息外，总会有外部干扰信号侵入。此干扰主要有两种途径：一是通过变送器供电电源或共用信号仪表的供电电源串入的电网干扰，这往往被忽视；二是信号线受空间电磁辐射感应的干扰，即信号线上的外部感应干扰，这是很严重的。由信号线引入的干扰会引起I/O信号工作异常和测量精度大大降低，严重时将引起元器件损伤。

d. 来自接地系统混乱时的干扰：接地是提高电子设备电磁兼容性（EMC）的有效手段之一。正确的接地，既能抑制电磁干扰的影响，又能抑制设备向外发出干扰；而错误的接地，反而会引入严重的干扰信号，使PLC系统无法正常工作。

e. 来自PLC系统内部的干扰：主要由系统内部元器件及电路间的相互电

磁辐射产生，如逻辑电路相互辐射及其对模拟电路的影响、模拟地与逻辑地的相互影响及元器件间的相互不匹配使用等。

f. 变频器干扰：一是变频器启动及运行过程中产生谐波对电网产生传导干扰，引起电网电压畸变，影响电网的供电质量；二是变频器的输出会产生较强的电磁辐射干扰，影响周边设备的正常工作。

（5）主要抗干扰措施

① 电源的合理处理。抑制电网引入的干扰。对于电源引入的电网干扰，可以安装一台带屏蔽层的变比为 1∶1 的隔离变压器，以减少设备与地之间的干扰，还可以在电源输入端串接 LC 滤波电路。

② 安装与布线。动力线、控制线以及 PLC 的电源线和 I/O 线应分别配线，隔离变压器与 PLC 和 I/O 之间应采用双胶线连接。将 PLC 的 I/O 线和大功率线分开走线，如必须在同一线槽内，分开捆扎交流线、直流线。若条件允许，分槽走线最好，这不仅能使其有尽可能大的空间距离，而且能将干扰降到最低限度。

PLC 应远离强干扰源，如电焊机、大功率硅整流装置和大型动力设备，不能与高压电器安装在同一个开关柜内。在柜内，PLC 应远离动力线（两者之间距离应大于 200mm）。与 PLC 装在同一个柜子内的电感性负载，如功率较大的继电器、接触器的线圈，应并联 RC 消弧电路。

PLC 的输入与输出最好分开走线，开关量与模拟量也要分开敷设。模拟量信号的传送应采用屏蔽线，屏蔽层应一端或两端接地，接地电阻应小于屏蔽层电阻的 1/10。

交流输出线和直流输出线不要用同一根电缆，输出线应尽量远离高压线和动力线，避免并行。

③ I/O 端的接线。

a. 输入接线：输入接线一般不要太长。但如果环境干扰较小，电压降不大时，输入接线可适当长些。

输入/输出线不能用同一根电缆，输入/输出线要分开。

尽可能采用常开触点形式连接到输入端，使编制的梯形图与继电器原理图一致，便于阅读。

b. 输出连接：输出端接线分为独立输出和公共输出。在不同组中，可采用不同类型和不同电压等级的输出电压。但在同一组中的输出只能用同一类型、同一电压等级的电源。

由于 PLC 的输出元件被封装在印制电路板上，并且连接至端子板，若将连接输出元件的负载短路，将烧毁印制电路板。

采用继电器电源输出时，所承受的电感性负载的大小会影响继电器的使用寿命，因此，使用电感性负载时应合理选择或加隔离继电器。

PLC 的输出负载可能产生干扰，因此要采取措施加以控制，如直流输出的续流管保护，交流输出的阻容吸收电路保护，晶体管及双向晶闸管输出的旁路电阻保护。

④ 正确选择接地点，完善接地系统。良好的接地是保证 PLC 可靠工作的重要条件，可以避免偶然发生的电压冲击危害。接地的目的通常有两个，其一是为了安全，其二是为了抑制干扰。完善的接地系统是 PLC 控制系统抗电磁干扰的重要措施之一。

PLC 控制系统的地线包括系统地、屏蔽地、交流地和保护地等。接地系统混乱对 PLC 系统的干扰主要是各个接地点电位分布不均，不同接地点间存在地电位差，引起地环路电流，影响系统正常工作。例如，电缆屏蔽层必须一点接地，如果电缆屏蔽层两端 A、B 都接地，就存在地电位差，有电流流过屏蔽层，当发生异常状态，如雷击时，地线电流将更大。

此外，屏蔽层、接地线和大地有可能构成闭合环路，在变化磁场的作用下，屏蔽层内又会出现感应电流，通过屏蔽层与芯线之间的耦合，干扰信号回路。若系统地与其他接地处理混乱，所产生的地环流就可能在地线上产生不等电位分布，影响 PLC 内逻辑电路和模拟电路的正常工作。PLC 工作的逻辑电压干扰容限较低，逻辑地电位的分布干扰容易影响 PLC 的逻辑运算和数据存储，造成数据混乱、程序跑飞或死机。模拟地电位的分布将导致测量精度下降，引起对信号测控的严重失真和误动作。

⑤ 安全地或电源接地。将电源线接地端和柜体连线接地为安全接地。如电源漏电或柜体带电，可从安全接地导入地下，不会对人造成伤害。

a. 系统接地。PLC 控制器为了与所控制的各个设备同电位而接地，叫作系统接地。接地电阻值不得大于 4Ω，一般需将 PLC 设备系统地和控制柜内开关电源负端接在一起，作为控制系统地。

b. 信号与屏蔽接地。一般要求信号线必须要有唯一的参考地，屏蔽电缆遇到有可能产生传导干扰的场合，也要在就地或者控制室唯一接地，防止形成“地环路”。信号源接地时，屏蔽层应在信号侧接地；不接地时，应在 PLC 侧接地；信号线中间有接头时，屏蔽层应牢固连接并进行绝缘处理，一定要避免多点接地；多个测点信号的屏蔽双绞线与多芯对绞总屏蔽电缆连接时，各屏蔽层应相互连接好，并经绝缘处理，选择适当的接地处单点接点。

（6）对变频器干扰的抑制

变频器的干扰处理一般有下面几种方式。

① 加隔离变压器。主要是针对来自电源的传导干扰，可以将绝大部分的传导干扰阻隔在隔离变压器之前。

② 使用滤波器。滤波器具有较强的抗干扰能力，还具有防止将设备本身的干扰传导给电源的功能，有些还兼有尖峰电压吸收功能。

③ 使用输出电抗器。在变频器到电动机之间增加交流电抗器主要是减少变频器输出在能量传输过程中线路产生的电磁辐射，以免影响其他设备正常工作。

PLC 控制系统中的干扰是一个十分复杂的问题，因此在抗干扰设计中应综合考虑各方面的因素，合理、有效地抑制抗干扰，才能够使 PLC 控制系统正常工作。随着 PLC 应用领域的不断拓宽，如何高效、可靠地使用 PLC 也成为影响其发展的重要因素。未来，PLC 会有更大的发展，产品的品种会更丰富、规格会更齐全，通过完美的人机界面、完备的通信设备可以更好地适应各种工业控制场合的需求。PLC 作为自动化控制网络和国际通用网络的重要组成部分，将在工业控制领域发挥越来越重要的作用。

参 考 文 献

[1] 聂福全，刘尧．港口超大吨位门式起重机结构创新设计［J］．港口装卸，2017（06）：14-16.

[2] 佟光勋．门式起重机状态监测及故障诊断系统研究［D］．南京：东南大学，2021.

[3] 聂福全．基于轻量化设计特性的核工业建筑用上旋转起重机结构设计［J］．建筑机械，2019（08）：79-80.

[4] 张胜利．桥式起重机起升机构故障分析及其监测平台研究［D］．太原：中北大学，2020.

[5] 李红伟，潘颖民．浅谈桥式起重机的电气故障与维修改进措施［J］．山东工业技术，2018（16）：165.

[6] 高新辉，李红军．桥式起重机的常见故障与维修保养研究［J］．铜业工程，2018（05）：98-100.

[7] 蔡永乐．桥式起重机的常见故障与维修保养［J］．四川水泥，2018（03）：18.

[8] 唐文江，张博．桥式起重机的常见故障与维修保养［J］．科技创新与应用，2017（11）：171.

[9] 胡博．桥式起重机的常见故障与维修保养［J］．中国设备工程，2017（18）：36-37.

[10] 黄斌，席东青．论桥式起重机的常见故障与维修保养［J］．化工管理，2019（33）：143.

[11] 段成凯，霍世慧，刘永寿．典型接头的焊接热过程数值仿真与试验研究［J］．兵器装备工程学报，2021（6）：38-44.

[12] 何易崇，罗杰俊，吴毅．焊接中的低本高效防漏焊识别方案［J］．时代汽车，2021（8）：145-146.

[13] 黄春榕，黄瑞生，黄栋，等．焊接机器人职业技能培训鉴定教材的研究与开发［J］．金属加工（热加工），2021（2）：21-23.